2017年 中国农业技术 推广发展报告

农业农村部科技教育司
全国农业技术推广服务中心 组编

中国农业出版社
北 京

前 言
FOREWORD

　　党的十九大作出了"中国特色社会主义进入新时代"的重大判断，提出了具有全局性、战略性、前瞻性的行动纲领。实施乡村振兴战略，推进农业高质量发展，对农业技术推广工作提出了新的更高要求。2017年，我国农业农村经济巩固发展了党的十八大以来的好形势，粮食产量自2013年以来连续5年稳定在6亿吨以上，主要农产品供应充足，农村居民人均可支配收入超过13 000元，增速继续保持两个"高于"。这些重大成绩的取得，农业科技进步发挥了强有力的支撑作用。一年来，各级农业部门和广大农业技术推广人员围绕农业、农民需求，大力开展技术集成创新与推广服务，取得显著成效。一批先进适用的技术和模式得到推广应用，基层农技推广体系改革与建设稳步推进，农科教协作不断加强，推广手段和方式不断创新，农业技术推广服务供给质量和效率持续提升。

　　为总结和宣传各地农业技术推广工作成效、经验，进一步提高农业技术推广服务能力，我们组织编写了《2017年中国农业技术推广发展报告》。内容包括基层农技推广体系改革与建设概况、2017年农业技术推广工作、各地推广的主要技术和模式、典型经验、2017年出台的重要政策文件、寻找最美农技员专题活动等。本书的出版，将对农业技术推广工作的宣传和交流起到推动作用，为各地更好地开展农业技术推广工作提供借鉴经验。

　　本书由农业农村部科技教育司、全国农业技术推广服务中心承担具体编写工作。由于掌握的资料有限，书中内容不够全面的地方，敬请广大读者批评指正。

　　本书的编辑出版，得到了各省（自治区、直辖市）农业农村厅和有关单位的大力支持，在此一并致以衷心感谢！

编　者

2018年12月

目 录
CONTENTS

第一篇
基层农技推广体系改革与建设概况

2017年，农业部会同各地农业部门立足农业农村发展新形势和农业技术推广工作新任务，积极深化基层农技推广体系改革，创新体制机制，激发人员活力，提升服务效能。

一、健全"一主多元"推广体系，形成农技推广合力

完善以国家农技推广机构为主导，农业科研院校、社会化服务组织等广泛参与、分工协作的"一主多元"农技推广体系。**一是开展体系改革创新试点。**在安徽、浙江、江西等13个省份的36个县开展基层农技推广推广体系改革创新试点，在公益性推广与经营性服务融合发展、农技人员增值服务合理取酬、农技人员创新创业等方面探索实践，取得了积极进展。**二是推进基层农技推广机构规范化建设。**完善基层农技推广机构体制机制，增强人员业务能力，提升服务效能。支持181个县开展以改善服务条件、规范管理机制、创新方式方法、提升服务能力为主要目标的推广机构星级服务创建工作。**三是支持农业科研院校开展推广服务。**引导农业科研院校积极发挥成果、人才、学科、平台等优势，培养农技推广人才，投身"三农"主战场开展技术集成示范和指导服务。**四是支持社会化服务组织开展推广服务。**通过购买服务等方式，支持社会化服务组织开展产前、产中、产后技术服务，支持有资质有能力的市场化主体从事可量化、易监管的农技推广服务。

二、加强农技推广队伍建设，提高服务"三农"能力

壮大基层农技推广队伍，加大后备人才引进培养力度，加强农技推广队伍业务培训，提升农技推广人员的业务能力和综合素质。**一是开展农技推广服务特聘计划试点。**在河北、四川、陕西等5个省份的61个县，通过购买服务等方式，从乡土专家、种养大户、新型农业经营主体技术骨干、一线农业科研人员中遴选了一批特聘农技员，从事农技推广公共服务，助力产业脱贫攻坚，已有200多名特聘农技员上岗开展指导服务。**二是提升基层农技推广队伍业务能力。**采取异地研修、集中办班、现场实训、网络培训等方式，提升基层农技推广队伍知识技能。全国1/3以上的基层农技人员接受了连续不少于5天的脱产业务培训，接受培训的基层农技人员对培训活动满意率达95%以上。**三是提升基层农技人员学历层次。**支持基层农技推广队伍中非专业人员、低学历人员等，通过脱产进修、在职研修等方式进行学历提升教育，补齐专业知识短板。**四是实施"三定向"人才培养补充计划。**在山东、浙江、江西等省探索完善"定向招生、定向培养、定向就业"的农技人员培养方式，吸引本地户籍具有较高素质和专业水平的青年人才进入基层农技推广队伍。

三、加强信息化建设，提高农技推广服务效率

基于大数据、云计算和移动互联技术等，构建便捷高效的农技推广服务信息化平台，促进专家、农技人员和农民的互联互通，为广大农业生产经营者提供了高效便捷、双向互动的农技推广服务。**一是全国服务平台建设实现新突破。**农业部开发运行了全国农技推广服务平台，已上线专家和农技人员20余万人，有效解答农业科技问题33万条，发布农业信息30多万条，上报农情信息190多万条。**二是地方平台建设迈出新步伐。**各地结合本地工作实际，建设

了一批农技推广信息化平台。如山东省研发了山东农业科技服务云平台和农技推广信息化业务应用系统APP，江苏省开发了农技耘APP。各地通过手机短信、微信、QQ群等信息交流平台开展农技推广服务。**三是农技推广信息化市场化建设取得新进展。**农技宝、农管家、农医生等一批市场化运行的农技服务信息化产品得到了广泛应用。

四、建设运行高效的示范服务载体，加快技术推广应用

构建高标准的农业科技示范平台和服务网络，让广大农户看有示范、学有样板，实现农技人员与服务对象面对面、科技与田间零距离。**一是建设长期稳定试验示范基地。**围绕优势农产品和特色产业发展需求，建设了一批长期稳定的农业科技试验示范基地，将基地打造成农业科技成果展示的窗口和技术推广的辐射源，把增产增效科技成果直接做给农民看、带着农民干。**二是大力培育农业科技示范主体。**遴选能力较强、乐于助人的新型农业经营主体带头人、种养大户等作为农业科技示范主体，通过精准指导服务、组织交流观摩等措施，提高其自我发展能力和辐射带动能力。**三是加大农业主推技术推介力度。**遴选推介了一批符合绿色增产、资源节约、生态环保、质量安全等要求的先进适用技术。通过开展示范展示，加强技术培训，组织报纸、电视传统媒体和互联网、APP等新兴媒体广泛宣传等举措，让广大农户和新型农业经营主体了解技术要求、掌握使用要领，促进农业科技快速进村入户到田。

五、增强农技服务供给，助力农业农村现代化建设

基层农技推广体系示范推广了一大批优质绿色高效技术，认真做好动植物疫病防控、农产品质量安全、农业生态环保等公共服务，为推进农业供给侧结构性改革、促进农业绿色发展提供了有力支撑。**一是强化了强化技术供给和指导服务，为保障国家粮食安全和重要农产品有效供给提供了有力支撑。**发挥7 000多个农业科技试验示范基地的示范引领作用、140余万名农业科技示范主体的辐射带动作用，借助信息化、农民田间学校等高效指导服务方式，大范围推广应用了水稻大棚育秧、杂粮杂豆规范化生产等先进适用技术，全国农业主推技术到位率达到95%以上，为我国粮食生产取得历史上第二高产年提供了有力支撑。**二是增强技术供给和服务保障，为落实绿色发展理念、促进农业可持续发展提供了有力支撑。**大力推广节水、节肥、节药等资源节约型、环境友好型的清洁生产技术，开展秸秆处理、农膜回收、土壤污染防治等行动，取得了积极成效。如推广应用稻田综合种养技术2 000多万亩[*]，有效减少了化肥农药的使用，改善了生态环境。**三是助力精准脱贫攻坚，为推进脱贫致富奔小康提供了有力支撑。**将农技推广工作与扶贫工作紧密衔接，组建专家团队开展科技扶贫，培育发展特色产业实现产业扶贫，对口帮扶实现精准扶贫。四川省实施"万名农业科技人员进万村开展技术扶贫行动"，在带动产业脱贫方面发挥了重大作用。

六、推进体系建设特色工作，发挥行业引领作用

农业农村部部属推广单位发挥行业龙头带动作用，通过开展相关特色工作，积极推动体

---

* 亩为非法定计量单位，1亩≈667米^2。余同——编者注

系建设。**一是种植业强化基层推广机构规范化建设。**2017年，全国农技推广服务中心在种植业推广系统深入推进基层农技推广机构星级服务创建活动，积极打造"机构形象好、班子队伍好、管理运行好、工作业绩好、服务口碑好"的"五好"乡镇农技推广机构。196个乡镇农技推广机构（区域站）被认定为"全国五星乡镇农技推广机构"，起到了很好的示范引领作用。在全国10个县开展乡镇农技推广机构示范站建设，带动基层农技推广机构健全管理制度，规范推广行为，强化试验示范。**二是农机化组织开展田间日活动。**2017年，农业部农机推广总站结合农业结构调整及重要农时需要，组织大型农机推广田间日活动。用农民通俗易懂、喜闻乐见的语言和方式开展技术服务，推进新技术、新机具现场体验互动，提升推广过程的生动性和趣味性，增强农民的认知度和接受度，有力推进了农机化技术推广应用。各地结合自身农机化发展特点，以"田间日"为品牌，开展了当地的田间日活动，如江苏省在宜兴市举办了"高效设施农业机械推广田间日活动"，湖北省在黄冈市举办了"大田作物绿色生态农机化技术推广田间日活动"，山东省会同中国农机流通协会在济南市章丘区举办了"经济作物机械化田间日活动"等。**三是畜牧业大力推进示范创建和养殖书屋建设。**全国畜牧总站按照"五到位"标准，积极加强基层体系建设，创建并挂牌基层畜牧（草原）示范站201个，发挥了辐射引领作用。在示范站建设的基础上，与中国农业出版社合作建设养殖书屋210家，每个书屋配备1 000册专业图书，养殖书屋成为养殖场户的"科技直通车"、农牧民增收致富的"加油站"。**四是渔业着力强化推广人才队伍建设。**2017年，全国水产技术推广总站举办第二届全国水产技术推广职业技能竞赛，推出33名"五一劳动奖章"获得者和100多名"技术能手"，打造了"劳模创新工作室"。举办了首届水产推广人才展，集中宣传了90多位基层农技推广典型人物。开展了"双师型"推广人才培养试点，培养了一批水产推广骨干人才和职业技能人才。

第二篇

2017年农业技术推广工作

一、种植业

2017年，全国各级种植业技术推广机构认真贯彻中央农村工作会议、全国农业工作会议精神，紧紧围绕推进农业供给侧结构性改革这一主线，以稳定粮食、优化供给、提质增效、农民增收为目标，以绿色发展为导向，以改革创新为动力，全面加强种植业技术集成创新与推广服务，持续推进农业投入品减量增效，为提高供给体系质量和效率，加快推进种植业转型升级提供了有力支撑。

（一）提升品种质量，夯实产能基础

1.规范农作物品种试验和登记管理。通过品种区域试验、绿色通道试验、联合体试验等多种举措加快品种试验进程，推动试验公开透明。2017年共开展5种主要农作物187组品种区域试验，参试品种2 249个次，试验点次2 461个，审查同意199个联合体开展自主试验，备案53个企业2 814个品种开展绿色通道试验。启动非主要农作物品种登记管理，构建管理信息平台，受理申请登记品种6 056个，复核品种3 193个，样品入库2 074个，报农业部审批公告公示1 841个。

2.加强种子质量监督抽查。全年共抽查检测种子样品50 000余份，其中部级样品642个，质量合格率约96%，农业部种子检测中心完成499份种子样品转基因成分检测。

3.调度种业供需形势。调度29种作物种子供需形势，建立2 000个种子市场运行监测点，发布7期种情通报，编制2016年度《全国种业数据手册》和《中国种业发展报告》。

4.开展国外引种检疫审批。办理国外引进植物种子苗木检疫审批1 726批次，引进种子2 795.74万千克，苗木7.67亿株，开展引进种苗疫情监测面积300万亩，确保国外引种检疫安全。

5.加大品种展示示范。设立水稻、玉米、棉花、大豆和高油酸花生等品种展示点216个，展示品种2 792个次，示范点121个，示范品种280个，积极引导和推动农作物品种更新换代。

（二）推广绿色技术模式，服务增产增效

1.集成绿色轮作技术模式。突出茬口衔接、品种搭配、机具配套、节本降耗、地力培肥和污染修复等环节，建立轮作示范区，在全国范围集成组装一批可复制、可推广的绿色技术模式。如东北地区粮豆轮作连年高产模式，河北地下水漏斗区一季雨养"单季高产高效"模式，西南西北生态严重退化地区少耕肥豆轮作、免耕肥草间作、免耕牧草过腹还田等模式。

2.推动绿色高产高效创建。在全国377个创建县集成组装646套成熟技术模式，其中水稻、小麦、玉米三大主粮平均每种作物100套以上，开展可控全生物降解地膜、可降解秧盘、PO功能膜试验。大力推广果菜茶绿色发展模式和玉米结构调整替代技术模式，深入开展"水稻+"绿色高产高效生产模式集成示范，为各地提供模式范例、典型样板和技术支撑。

3.开展技术指导服务。制定发布全国粮食、油料和经济作物生产指导意见57份，各省（自治区、直辖市）制定发布本区域技术指导意见近300份，为生产管理和技术指导提供重要参考。各级种植业技术推广机构在农业生产的关键时节，积极组织技术骨干下乡开展技术指

导和服务，有力推动了绿色高效技术推广应用。

（三）开展"四情"监测预报，助力减灾止损

1.苗情、墒情信息调度监测。基于600个农情调度基点县，及时调度汇总各地主要粮食作物种植意向、面积落实、苗情长势。基于400个国家级墒情监测县，共监测和发布区域墒情信息4 000多期、全国墒情信息12期。在春耕备耕、夏收夏种、秋冬种关键农时季节组织召开会商会，针对农情信息预测发展趋势，提出对策措施，为农业主管部门全面准确掌握农业生产形势提供数据支撑。

2.农作物病虫情预报服务。基于1 030个全国测报区域站和140个鼠害监测网点，调度病虫发生信息，全年发布重大病虫害发生趋势预报39期，组织召开全国主要农作物重大病虫发生趋势会商会和网络会商7次，在中央电视台一套（CCTV-1）天气预报节目中发布病虫警报6期。通过建设全国农作物重大病虫害数字化监测预警系统，推动重大病虫害预测预报向自动化、信息化、智能化发展。各级种植业技术推广机构通过"广播－电视－网络－手机－明白纸"五位一体的发布模式，实现重大病虫害及时监测、准确预报、高效传达。

3.植物重大疫情阻截防控。在沿边沿海阻截带和内陆高风险区加密布点，建立疫情监测点5 000个，进一步健全重大植物疫情监测网，加大疫情监测调查力度。全年报送疫情快报130期，实现重大植物疫情早发现、早报告，为有效开展阻截防控赢得了时间。研究制定检疫性病虫害阻截防控方案，启动金沙江下段柑橘黄龙病阻截带、黑龙江省边境地带马铃薯甲虫诱集阻截带建设，在17个省区建立30个重大疫情综合治理示范区。

（四）推进投入品"一控两减"，推动绿色发展

1.围绕节水保优，推进水资源高效利用。以水肥一体化、地膜覆盖、膜下滴灌等农艺节水项目为抓手，以示范区为依托，带动控水增效技术大面积推广。在华北、西北和西南11个省（自治区、直辖市）建设高标准节水农业示范区，集中展示膜下滴灌水肥一体化、集雨补灌水肥一体化和喷滴灌水肥一体化等技术模式。部省共建节水农业技术示范区90多个，组织实施工程、农艺和生物等节水农业新技术、新产品、新模式试验200多项次，集中展示旱作保墒、水肥耦合、测墒灌溉、水肥一体化等关键措施和技术集成。

2.围绕减肥增效，提升科学施肥水平。开展科学耕作和科学用肥示范，全国共计取土化验49万个，开展肥效试验1.2万个，征集三大粮食作物和果树、蔬菜、棉花等经济作物减肥增效技术模式240多个，在果菜茶有机肥替代化肥项目区集成推广绿色高效技术模式286万亩。2017年，科学用肥技术推广面积累计达到17亿亩次，技术覆盖率84%，配方肥占三大粮食作物施肥总量的60%以上，主要粮食作物化肥利用率提升到37.8%。

3.围绕减量控害，构建绿色防控屏障。强化示范引导，打造一批高标准绿色防控示范基地，集成推广一批病虫绿色防控技术模式。全年完成150个县果菜茶全程绿色防控试点，600个示范基地绿色防控与统防统治融合推广，建立110个绿色防控示范基地和31个蜜蜂授粉与绿色防控技术集成示范区。各地建立绿色防控示范区6 985个，集成技术模式49个，示范面积916万亩，辐射带动2 476万亩。大力推广生态调控、生物防治、物理防治和科学用药等绿色防控核心技术，推动新型植保施药器械快速发展。2017年全国累计防治病虫害61.2亿亩次，挽回粮食损失586.5亿千克，主要农作物绿色防控实施面积5.5亿亩，示范区绿色防控覆盖率达到27.2%，农药利用率达38.8%。

二、农机化

2017年，全国农机推广系统认真贯彻落实《农业技术推广法》，紧紧围绕农业农村中心工作和农业机械化工作重点，履行职责、开拓创新、奋发有为，在农机化技术试验示范、培训指导、咨询服务等方面做了大量卓有成效的工作，为新技术推广应用提供了先导引领，为推进农业机械化发展发挥了重要作用。

（一）为提升农业综合生产能力，保障主要农产品有效供给夯实了基础

各级农机推广机构紧紧围绕推进主要农作物全程机械化，聚焦薄弱环节，因地制宜、先行先试，加强农机农艺融合、技术集成配套和系统解决方案研究，分作物、分区域开展了一系列全程机械化试验示范活动，积极开展培训指导和咨询服务，获得了明显成效。东北地区各省积极开展玉米秸秆覆盖免耕播种技术推广应用，其中吉林省推广面积达到了640万亩；河南、山东等地开展了花生机械化收获技术示范推广，推动了花生种植面积显著增加；安徽省开展了秸秆全量还田条件下夏大豆种植机具对比试验与生产技术模式集成创新，明显改善了两熟区秸秆还田条件下大豆播种效果。

（二）为发展乡村主导产业，促进农民增收做出了积极贡献

各级农机推广机构在加快推进粮油作物机械化的同时，围绕与农民增收密切相关的主导产业、特色农产品发展，试验推广了一批接地气、可复制的机械化生产模式。累计开展宣传培训1.5万余次，培训新型经营主体和农民400余万人，加快了"机器换人"的步伐，为提升生产效率效益、助推农业结构调整提供了有力支撑。北京、天津、上海、山东等24个省市开展了蔬菜机械化技术的研究试验和示范推广，引导合作组织应用耕、种、收、管、控、尾菜处理等环节机械化技术，初步总结形成了葱姜蒜、胡萝卜、甘蓝、鸡毛菜等蔬菜生产全程机械化技术模式。山西等12个省积极开展林果机械化技术示范，示范面积超过60万亩。广东、浙江、江苏、宁夏、陕西等省（自治区）推广应用农产品烘干、保鲜、分级、包装等机械化技术，提高了荔枝、茶叶、枸杞等特色农产品附加值。青海、甘肃、内蒙古等省（自治区）积极开展饲草料机械化播种、收割、翻晒、打捆、青贮、储运等关键技术试验示范，进一步提升了饲草料生产全程机械化水平，2017年全国机械化收获牧草达到5 289万吨。

（三）为推进绿色技术应用，增强了农业可持续发展的动能

各级农机推广机构牢固树立新发展理念，坚持绿色导向，紧紧围绕"一控两减三基本"目标，充分发挥农业机械化在农业投入品减量化、生产过程清洁化、农业废弃物资源化利用方面的重要作用，取得了明显成效。各地大力推广耕地质量提升与保育技术，加快农机深松技术、保护性耕作技术在适宜地区的推广应用，有效增强了耕地保水保肥能力。大力推广水稻机插秧同步侧深施肥、无人机植保等化肥农药减施增效技术，有效推动农业面源污染防治。大力推广秸秆资源化利用、残膜回收、畜禽粪便资源化利用技术，促进了农业废弃物循环利用。2017年，全国机械深松面积达到1.67亿亩，保护性耕作面积1.14亿亩，机械节水灌溉面积2.43亿亩，机械深施化肥面积5.19亿亩，机械化秸秆还田面积7.5亿亩。全国已有14个省开展了养殖环境调控、数字监控、远程管理、粪污处理等技术和成套设备的试验示范工作，有效地推动健康养殖发展。

三、畜牧业

2017年，各级畜牧部门认真践行新发展理念，以畜牧业供给侧结构性改革为主线，推进产业结构调整，促进畜牧业绿色发展；以强化技术支撑为重点，提升科技贡献率，培育畜牧业发展新动能；以服务"三保"大局为重点，增强工作的协调性，推动畜牧业转型升级。

（一）创新机制建联盟，全力推进畜禽粪污资源化利用

坚持目标和问题导向，加大创新力度，推动畜禽粪污资源化利用全面铺开。**一是组建联盟，合力攻坚。**成立国家畜禽养殖废弃物资源化利用科技创新联盟，成员单位达478家，开展协同攻关，努力形成整体作战和创新合力。**二是夯实基础，强化支撑。**建设农业部资源循环利用技术与模式重点实验室，开展重大课题研究，集成配套关键技术，提升联盟科技创新能力。制定《畜禽粪便农家肥堆肥技术规范》，编印《畜禽粪污资源化利用技术指南》《源头减量模式》，推广普及粪污资源化利用技术。指导开展南方水网地区土地承载力测算、碳排放评估等试验示范，为加强考核监管提供依据。**三是加大示范推广，提升服务。**加强模式创新，集成推广9种典型技术模式。创建种养结合示范基地55个、集中处理示范基地5个、技术推广示范站15个，树立一批典型标杆。举办畜牧业绿色发展中国行活动，搭建交流互鉴平台，促进畜牧大县与粪污设备企业、第三方集中处理中心无缝对接。

（二）创新模式调结构，推进粮改饲试点扩面增量

2017年，全国17个试点省粮改饲面积1 333万亩，收储青贮玉米等优质饲草料3 802万吨。加强模式创新研究，提炼出种养一体化、"养殖企业+新型农业经营主体"、种收贮专业化、社会化服务、养殖企业帮扶助推脱贫等五种典型技术模式，指导试点地区建立符合本地实际的技术路线，巩固和提高粮改饲试点效果。举办粮改饲项目管理与技术培训班，人员覆盖所有试点县，围绕种、管、收、贮、用等关键环节，讲技术、看典型、学经验，提升粮改饲技术水平。试验示范全株青贮玉米综合配套技术，推广普及苜蓿青贮高效生产利用技术，编写《草业良种良法配套手册》《草业生产实用技术》，指导草牧业发展。召开粮改饲技术创新与推广现场会，举办粮改饲论坛，人民日报、新华网、农民日报等中央媒体宣传试点成效，扩大政策影响，取得较好效果。

（三）创新方法抓重点，推动奶业加快振兴

奶业是推进畜牧业供给侧结构性改革的重点。**一是加强政策创设。**参与起草《关于深化供给侧结构性改革加快奶业振兴的意见》。加强政策研判，调研全国85家乳品企业，分析奶业政策对奶牛养殖的拉动预期。**二是夯实种业基础。**推动实施奶牛遗传改良计划，制作并发放DHI标准物质2 500余套，发布《2017年全国种公牛遗传评估概要》，向社会推介优秀种公牛，保障种源供给质量。**三是积极培育新业态新动能。**参与起草《休闲观光牧场推介标准（试行）》，评选推介全国首批8家休闲观光牧场，拓展产业功能，提升奶业竞争力。与新西兰恒天然集团开展奶业合作，引进并推广先进管理模式和生产工艺，为奶业振兴增添新动能。**四是协助举办大型活动。**成功举办中国奶业20强峰会、中国小康牛奶行动和奶酪校园推广行动等重大活动，提升了国产品牌影响力。**五是开展科普宣传。**编印《奶业科普百问》，在人民网、

新华网等中央媒体上进行推介，普及乳品营养知识，培养科学消费习惯。

（四）创新平台强服务，提升饲料行业竞争力

饲料业是联接种养的中轴产业，在农业供给侧结构性改革、促进绿色发展方面有着不可替代的作用。重点开展了四项工作。**一是推动出台饲用粮补贴政策。**深入开展调研，提出饲料用粮奖补政策建议，推动出台饲料用玉米补贴政策，对东北四省区年产5万吨以上的饲料企业采购新产玉米进行补贴，调动了饲料企业用粮积极性。**二是推动新版《饲料卫生标准》发布。**有毒有害物质控制项目增至5类24个，涵盖技术指标164个，其中80%达到全球最严的欧盟标准水平。**三是推动发布《饲料添加剂安全使用规范》。**推动发布有关饲料添加剂的安全使用规范，涉及8大类120种饲料添加剂，为安全使用和监督执法提供了依据。评审通过新饲料和新饲料添加剂3个，对两个"目录"进行动态更新。研发并推广饲料主要霉菌毒素生物降解剂，提高饲料用玉米安全使用水平。**四是举办2017中国饲料工业展览会。**展会以"转型升级调结构、创新发展铸品牌"为主题，同期举办了饲料原料论坛、饲料行业技术交流、《饲料质量安全管理规范》示范企业授牌等活动，把"服务中心、服务基层"落到实处。

（五）创新理念强支撑，加强草原生态保护建设

一是积极推动草原改革任务落实。在内蒙古、湖北、广西开展草业产值核算研究整省区试点，在内蒙古锡林浩特市、甘肃天祝县开展草原生态系统水、土实物量测定和价值测算试验，为全国草业产值和草原生态价值核算打基础。**二是推动落实草原生态保护政策。**赴27个省区进行现场技术服务和督导落实，提高草原精细化管理水平。开展大草原生态保护建设工程监测，编印《草原保护建设工程效益监测报告》和《草原生态补奖政策效益评价规范（试行）》。**三是加强草原生物灾害防治。**落实草原鼠虫害防控资金1.7亿元，较上年增加4 118万元，防控鼠虫害1.7亿亩。启动生物灾害防控能力提升工程，落实中央预算内资金2 300万元，指导建设9个省级和15个重点区域灾害监测预警中心，进一步提升监测预警能力。组织实施石渠县草原鼠害综合试点项目，覆盖89个牧民定居点及其周围1千米区域，防治草原鼠害56万亩，实现了保护草原生态和阻断包虫病中间宿主传播"双赢"，维护了社会和谐稳定。编制《草原生态实用技术》，提炼黑土滩和毒害草治理技术模式，持续推动科技兴草。

（六）创新方法补短板，推动畜禽牧草种业持续发展

种业是畜牧业发展的战略性基础产业。**一是下功夫保护种质资源。**加强国家级场区库管理，加大对珍贵、濒危畜禽品种资源保护力度，家畜基因库入库保存冷冻精液6.1万剂、冷冻胚胎1 280枚。落实中央投资3 042万元，启动国家牧草种质资源中心库等3个建设项目，入库牧草种质资源近2 000份，提升草种质资源保护水平。**二是大力推进育种工作。**启动全国猪全基因组选择平台建设，联合核心育种场、科研单位组建育种联盟，研发高效精准育种新技术，推动我国生猪育种进入基因组时代。推动实施畜禽遗传改良计划，遴选肉牛核心育种场10家、国家级种公猪站2家，种猪核心育种场PSY达到23头。开展草种管理重大问题研究，组织实施900个草种3 600个小区区域试验和12类草种特异性、一致性、稳定性田间测试。全年审定通过畜禽新品种6个、草新品种23个、畜禽遗传资源11个。**三是普及推广优良品种。**遴选并向社会推荐优秀种公牛3 400头，指导河北、湖北等省开展种猪拍卖会，推动种猪优质优价，

引导养殖场户选好种、用良种、增效益。**四是加强质量检测。**组织实施种畜禽、牧草种子质量监测，种猪性能测定合格率88.5%，种猪常温精液抽检合格率93.3%，牛冷冻精液抽检合格率99%，质量安全稳中有升，确保了用种安全。

（七）创新思路强监测，促进产业平稳运行

强化监测预警，科学研判生产形势，及时提供畜牧业和饲料工业经济运行信息。**一是夯实数据基础。**对79.1万个规模养殖场基本信息和粪污资源化利用基础数据进行摸底调查，为落实绩效评价考核制度提供依据。举办统计监测培训班，调整样本监测点，加强绩效考评，开展数据大核查，确保数据质量。**二是升级系统功能。**研发直连直报和绩效考核模块，升级信息即时采集上报系统和规模养殖云平台。修订饲料统计报表制度，完善饲料统计信息系统，实现监管监测相结合，以监测促监管。**三是发布生产信息。**编印月度《畜牧业形势分析》《饲料快报》《饲料行业信息周报（政务服务版）》。编制《中国草业统计》，分析草业形势，指导草业发展。及时对外发布统计数据和分析研判成果，提高信息反馈深度和市场指导力度，帮助养殖场户科学合理安排生产，促进产业平稳运行。

四、渔业

2017年，全国水产技术推广体系积极贯彻新发展理念，大力推进技术创新、模式创新、机制创新、管理创新，不断提升先进技术引领能力，为渔业转型升级和现代渔业建设开创新局面提供了有力支撑。

（一）现代渔业技术集成与模式示范取得新突破

一是加快现代水产养殖技术模式集成组装、熟化提升和改造升级。提出稻渔综合种养、池塘工程化循环水养殖等8大现代养殖模式应用前景和推广计划，制定《稻渔综合种养技术规范通则》，示范省份扩大到15个，全国累计推广稻渔综合种养2 000万亩。全国水产技术推广总站印发了《全国池塘工程化循环水养殖示范推广实施方案》，在15省份确立示范点100个，示范带动效应快速显现。**二是谋划引领性技术模式试验示范。**瞄准技术前沿，组织集装箱养殖模式现场观摩活动，探索了集装箱养鱼"推广机构+权威专家+地方政府+示范企业"的示范应用机制，实现了北方干旱缺水地区的模式落地。**三是积极打造全国现代渔业技术综合示范点。**按照"高端引领、综合集成、协调融合、开放共享"的创建原则，完成了2017年综合示范点组织申报和专家评审。以"1+N"现代技术模式综合展示为核心，完善首批技术展示单位和关联单位互补融合的示范创建。

（二）现代种业和质量安全技术服务获得新进展

一是探索构建现代水产种业创新平台。按照现代企业制度和商业化育种模式，建立南美白对虾联合育种核心基地，探索构建"科、企、推"协同创新的联合育种平台。完成了21个申报新品种的良种审核审查，组织完成17家国家级原良种场复查任务。**二是大力推进水产养殖"渔药减量"行动。**在天津、辽宁等10个省份开展试点，养殖用药量比2016年下降10%以上。持续开展水生动物主要致病菌耐药性普查，开展水产养殖规范用药科普下乡活动。推进水产品质量安全追溯系统建设，追溯监控养殖面积82万亩。**三是着力提升水生动物重大疫病**

防控技术能力。及时处置鲤春病毒血症疫情，积极应对亚洲首例罗非鱼湖病毒病疫情，开展鲤浮肿病等新发外来疫病监测和本底调查，重大疫病监测范围扩大到31个省份，监测养殖面积约450万亩。组织开展28个省份166家单位防疫体系实验室能力验证，加快防疫标准制度修订。

（三）产业融合技术服务和渔业公共信息服务发挥新作用

一是积极推进一二三产融合发展。编制发布《中国小龙虾产业发展报告（2017）》，举办第二届中国休闲渔业高峰论坛暨休闲渔业品牌发布活动，扩大了"四个一"品牌影响力。**二是完善渔业统计指标体系**。启动休闲渔业发展情况监测，开展增殖渔业统计指标体系创建研究，完善渔业统计评价指标体系。开展渔民家庭收支调查，开展内陆和海洋捕捞抽样调查试点，完成审查、评估、会商、编报工作。**三是提升市场信息采集分析质量和发布时效**。对接"农产品批发市场价格200指数"，针对突发或热点事件，及时发布市场信息。

（四）突出提质增效的导向要求，加快构建绿色高效现代技术模式体系

重点加强节本增效、优质安全、绿色环保等现代渔业技术集成攻关和模式应用，推进设施标准化、装备智能化、环境生态化、饲料高效化、用药无害化、产品绿色化、废弃物资源化，构建一批可复制可推广的绿色高效技术模式体系。积极建设重大水产养殖品种联合育种机制和平台，探索创建"优选种苗"在线服务平台，支撑"育繁推一体化"现代种业发展。

（五）突出质量兴农的主攻方向，强化水产品质量安全技术支撑

聚焦农业质量效益竞争力提升，重点攻克水产品质量安全技术应用难关。结合"渔药减量"行动试点和耐药性普查专项实施，开展水产养殖规范用药科普下乡宣传活动。健全完善水产品质量安全追溯技术支撑体系建设，开展配合饲料替代野杂鱼、配合饲料研发成果转化等试点示范。强化重大水生动物疫病监测预警与应急处置，加强重点苗种场的监测，推动无规定疫病苗种场建设，公布放心苗种"白名单"。建设高水平疫病防控体系，提高队伍素质和能力水平。

（六）突出绿色发展的技术路径，加强水域生态环境修复

加快养殖尾水治理技术模式推广应用，优化不同养殖方式尾水净化技术途径，强化原位修复、生物净化、渔农复合的技术模式组合。加强海洋牧场技术支撑与服务，发挥专家委员会作用，推动制定示范区年度评价办法和鱼礁建设项目绩效评价方案并开展试点，建立完善国家级海洋牧场示范区信息化管理系统。做好资源养护、增殖放流和水野保护等技术服务。

第三篇
各地推广的主要技术和模式

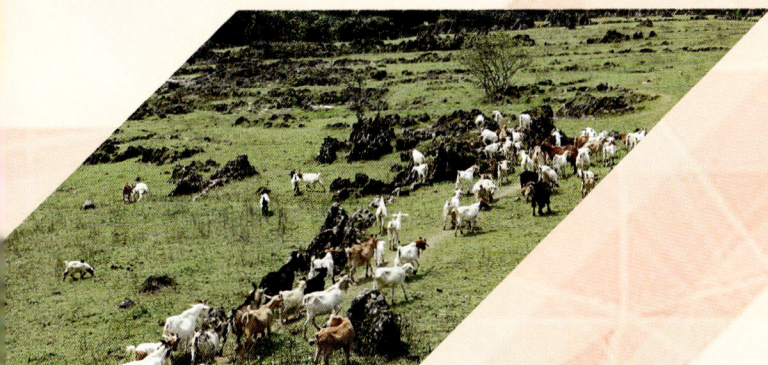

强筋小麦优质高效规范化生产技术

近年来，河南省按照布局区域化、经营规模化、生产标准化、发展产业化的总体思路和专种、专收、专储、专用的实现路径，积极开展强筋小麦优质高效规范化生产技术示范推广，取得了初步成效。

一、技术内容

（一）规范化耕作播种

1.整地。麦播前应以碎、匀、深、平、细为标准，将秸秆翻入土层，耕深应达到25厘米以上。耕后进行机耙，达到上虚下实，地表平整，无明暗坷垃。连续旋耕2～3年的地块必须进行深耕或深松，并做好播前镇压。

秸秆还田与深翻整地

机耕机耙配套

2.选用品种。选用已通过河南省或国家农作物品种审定委员会审定，且适宜在该区域种植的高产优质强筋小麦品种。

3.施好底肥。在测土配方施肥的基础上，适量增施氮肥，补施硫肥，并依据土壤养分测定结果补施中、微量元素，可适当减少化学肥料用量。

4.播种。优质小麦播种要重点抓好"三适"：一是适墒播种。二是适期播种。三是适量匀播。中高产麦田提倡宽窄行或宽幅播种，做到播量准确、深浅一致，播种深度3～5厘米，不漏播、不重播，播后要及时镇压。

高质量播种

（二）规范化田间管理

重点抓好节水灌溉、氮肥后移、病虫害综合防治、风险防控等田间管理关键技术。

1.镇压控旺。对长势过旺的麦田起身前采用镇压，控旺转壮，预防冻害发生，或用化控剂控旺。

2.合理灌溉。冬季土壤墒情适宜时可不进行冬灌，对由于秸秆还田与旋耕播种耙压不配套造成的土壤悬空麦田必须进行冬灌。小麦拔节后，要结合追肥后及时浇水，每亩灌溉量40～50米^3，一般采用畦灌或喷灌。小麦生育后期一般不灌水，但当土壤相对含水量低于60%，麦田植株呈现明显旱象，宜在齐穗至开花期进行灌水（灌水最好在花后7天以前），一般每亩灌水量30～40米^3，可结合灌水每亩追施尿素3～4千克，灌水时应避免大风天气。

3.氮肥后移与叶面喷肥。氮素化肥的底肥用量比例减少到40%～50%，追肥比例增加到50%～60%，同时将追肥时间后移至拔节期，肥力高的田块可移至拔节期至旗叶露尖时。后期进行叶面喷肥，保持小麦根系活力，延长叶片功能期，提高强筋小麦品质。

4.综合防治病虫草害。选准对路药剂，早防早治，统防统治。返青拔节期普治小麦纹枯病，挑治麦蚜、麦蜘蛛，封锁条锈病发病中心，防止病害发展蔓延。抽穗扬花期重点防控赤霉病、吸浆虫，兼治白粉病、锈病和蚜虫。灌浆期应主治麦穗蚜、白粉病、叶锈病、叶枯病，实施一喷三防。

统防统治

5.**抓好风险防控**。根据不同品种特征特性，进行差异化管理，科学防灾减灾。一是预防低温冷害。密切关注天气，在寒流来临前，及时进行灌水以改善土壤墒情，减小地面温度变幅，预防冻害发生。二是预防倒伏。对有旺长趋势的麦田，应在返青期中耕或镇压，或在起身期化学控旺，控旺转壮，防止倒伏。在后期管理上，注意科学浇水，灌水前应密切注意天气，严防风天浇水引起倒伏。

（三）规范化收获储藏

在小麦蜡熟末期籽粒含水量在22%左右用联合收割机收割，收获前进行田间去杂，收获时严格按品种单收、单打、单储，防止混杂降低优质强筋小麦商品等级。

单品种收获

二、技术推广应用情况

采取示范带动、点面结合、稳步推进的方式，积极推广强筋小麦优质高效规范化生产技术。2017年，编印《河南省优质小麦生产技术指导手册》，小麦季共印发技术规程和技术手册5万份，各优质小麦示范县结合当地实际，编写印发技术资料10万余份，科学指导农户开展优质小麦规范化种植，共计示范推广面积600万亩左右。

三、取得的成效

通过示范推广强筋小麦优质高效规范化生产技术，**一是实现了节本增效**。示范推广规范化耕种技术，不仅平均亩减少播量1.5～2.5千克，而且有利于培育冬前壮苗，提高综合抗逆能力，减少了田间管理，实现了省工、节本等目标。**二是实现了绿色增效**。示范推广的测土配方、机械深松、氮肥后移等节水节肥技术，有效提高了水肥资源利用率，示范区全面推广病虫害统防统治，不仅提高了防治效率，而且减少农药用量。**三是实现了优质增效**。项目区运用规范化生产技术收获的优质专用小麦受到广大用粮企业的一致欢迎，收购价格较普通小麦平均高出0.2元/千克左右。

青贮玉米生产技术

2017年，四川省大力推广青贮玉米生产技术，积极推动玉米种植结构调整优化，促进了畜牧业持续健康发展。

一、技术要点

（一）栽培技术

选用品种　选用高产、优质、抗逆性和抗病性较强的雅玉青贮8号、雅玉青贮04889、豫青贮23、中玉336、成单青贮1号等品种。

适期播种　空闲地、收获较早的蔬菜地适宜在4月5～15日播种，前作为油菜和收获较迟的蔬菜宜在4月25至5月5日播种。

机播、直播　前作收获后用耕整机深翻20～25厘米，耙细耙平。播前进行晒种、包衣、浸种，播种机和挖窝直播，播种深度5～6厘米，窝播3～5粒，播后盖土。亩植3 200～3 500株。

施肥　底肥亩用沼液肥2 000～2 500千克，复合肥30千克结合整地时喷施和撒施。3～4叶期亩用沼液肥1 000千克窝施，7～8叶期亩用沼液肥1 000～1 500千克窝施，大喇叭期亩用尿素15～20千克深施盖土。

田间管理　播种后搞好开沟排湿，出苗期及时查苗，发现缺苗立即催芽补种，以达到全苗。3～4叶期进行间苗，间苗的原则是保留大苗、壮苗，5～6叶期定苗，定苗时进行中耕除草和培土。生长期内注意防治小地老虎、黏虫、玉米螟、大小斑病和纹枯病等。

适期机收粉碎　在玉米乳熟末期至蜡熟期，当干物质含量达到28%～36%、淀粉含量达到25%时进行机收，切割成15～17厘米长度。

（二）青贮技术

建窖　选在土质坚硬、地势高燥向阳、靠近牛舍、远离水渠和粪坑的地方建窖，青贮窖建成长方形砖混结构。

备料　在切碎带苞的青贮玉米中加入添加剂，湿度一般用手握紧切碎的原料，指缝有液体渗出而不下滴时为宜。

装填　装料前在窖四壁及窖底铺一层塑料棚膜，后将原料逐层装入，每当装入20厘米厚时，可用人踩、机器碾压等方法，将原料压实，装窖最好在1天内完成。

密封　青贮原料装到超过窖口50～60厘米时，使原料中间高四周低，成球形，然后在原料上面铺20～30厘米厚的塑料棚膜盖严，然后覆盖拍实。

饲喂　封窖40～45天后，便可启封饲喂。饲喂前检查青贮质量，取用时从向阳一头启用，用多少，取多少，每次取后立即封严压实，防止二次发酵。

二、主要做法

（一）筛选适宜品种

引进四川农业大学、四川省农业科学院、雅安市农业科学研究所青贮玉米品种和饲草玉米品种50余个进行品种对比试验，从中筛选适合的品种。

（二）开展技术指导服务

成立由相关单位技术专家组成的技术指导小组，负责青贮（饲）玉米、优质牧草种植技术、青贮利用等技术指导和服务。

（三）加强技术宣传培训

通过科技下乡、科技赶场、三干会、现场会、电视栏目、广播、明白纸等多种形式宣传青贮玉米生产技术。同时，积极开展技术培训，推动技术落实到田到养殖户。

三、主要成效

2017年，四川省按照"以养定种""种养结合"的原则，在10个县开展了"粮改饲"青贮饲用玉米示范区建设，共建立示范区20个，示范面积10 000亩以上。探索出青贮玉米与麦冬、魔芋等经济作物间作的高效种植模式、"专业化青贮饲料公司＋合作社＋农户"的高效生产组织模式，有效带动了全省青贮玉米种植面积扩大，目前已达320万亩。

青贮玉米田间长势　　　　　　　　　乳熟始期至蜡熟初期收获

原料装填

盖膜密封

水稻叠盘出苗 "1+N" 育供秧技术模式

水稻叠盘出苗 "1+N" 育供秧技术模式，是指由育秧中心完成育秧床土或基质准备、种子浸种消毒、催芽处理、流水线播种、温室内叠盘、保温保湿出苗等过程，将针状出苗秧连盘提供给用秧户，由用秧户完成后续育秧过程的一种育供秧新模式。

一、技术要点

（一）选用专用基质

采用水稻机插专用育秧基质育秧，确保育秧安全、壮苗，同时降低育秧风险。

（二）选用先进播种设施

采用播种均匀、播量控制准确、浇水到位的机插秧播种流水线播种，流水线末端加装叠盘机构，配装自动上料等装备，减少人工投入。

（三）种子处理

先将种子在太阳下晒5～8小时，然后去秕去杂，再将干种子浸入装有预先配制好的25%氰烯菌酯悬浮剂2 000～3 000倍液的浸种容器中（种子要低于水面10厘米左右），充分浸泡后置于通风透气处沥干，待种子表面较干、手抓不粘手时，即可直接用于播种。

（四）播种

早稻每盘（9寸（30厘米）盘，下同）播种干种子120～125克，杂交晚稻每盘60～80克，常规晚粳稻每盘90～100克。播种前，先放上基质，厚度2.0～2.2厘米，浇水使基质湿透，但盘底不能有滴水，播种后再覆盖0.5～0.6厘米基质，使种子不露出。

（五）正确叠盘

将播种后的秧盘叠盘堆放，每20～25盘一叠，盘与盘之间正对着叠，不要交叉叠放。在每一叠的最上面放一张只装土而没播种的秧盘，或是空盘、木板等，起到覆盖保湿作用。

（六）保温保湿

播种叠盘后的秧盘尽量放置在能控温控湿的温室内，温度控制在30～32℃，湿度控制在90%以上。在叠好的秧盘最外层，覆盖无纺布、棉毯等材料保温保湿。叠盘放置48～

72小时，待种芽立针（芽长1厘米左右）后，即可运送到用秧户（N个点），进行后续田间育秧。

（七）科学管理秧田

大棚育秧如早晚叶尖吐水水珠小（或少），午间新叶卷曲，盘土发白，要在早晨浇水，一次浇足，要特别注意防止高温烧苗。秧田育秧以灌平沟水为主（水不能上盘面），保持秧板湿润通气。在正常情况下，保持盘面（床面）湿润不发白，若晴天中午秧苗出现卷叶要灌薄水护苗（机插秧水不能上盘面），防止秧苗青枯，雨天放干秧沟水。

（八）适龄移栽

早稻秧龄不要超过25天，单季晚稻3.0～3.5叶移栽，秧龄15天左右，连晚秧龄20天左右。移栽前3～5天可选用对口药剂带药下田，控制大田前期灰飞虱、白背飞虱危害，减少水稻病毒病的侵染。对稻瘟病感病品种，移栽前可选用三环唑带药下田。

二、技术优点

与传统的机插秧育秧技术相比，水稻叠盘出苗"1+N"育供秧技术模式具有以下优势：

（一）提高秧苗素质

叠盘出苗整齐、出苗率高，留给育秧点或农户的后续育秧阶段技术相对简单，解决了生产上传统机插秧出苗不整齐、秧苗不健壮、易烂秧死苗等技术瓶颈问题，为培育壮秧、获取高产奠定了基础，可促进机插秧技术的推广应用。

（二）提高供秧能力

与玻璃温室育秧相比，"叠盘出苗"空间置盘量可增加6倍以上，出苗管理时间由5天缩短至2～2.5天，供秧能力提高10倍以上。

（三）降低育供秧成本

由于"叠盘出苗"秧苗较小、秧盘运输方便，供秧辐射范围明显扩大。中小规模种粮大户或合作社可从专业育秧中心直接购买芽苗，既降低了运输成本，又减少了浸种、催芽、育秧等环节设施设备的重复建设，育秧成本明显下降。

2017年，浙江省推广水稻叠盘出苗技术达到141.7万亩，占到当年机插秧面积的近50%。

育秧温室

叠盘出苗

小拱棚育秧

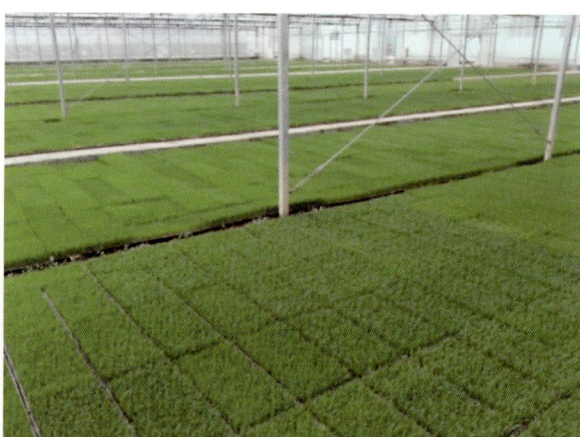

连栋大棚育秧

稻田综合种养技术

近年来，四川省在传统稻田种养模式基础上，融入生态、健康养殖的理念，大力推进稻田综合种养模式的拓展和技术升级，稻田综合种养呈现快速发展的态势。

一、技术要点

（一）稻田准备

选择水源充足，排灌方便，保水保肥能力强，不渗水不漏水，水源无污染的稻田。田埂加高到0.8米、田埂顶宽0.5～0.6米，坡度比1∶1.3。鱼凼环沟的开挖面积按养殖面积8%～12%开挖，鱼凼一般在养鱼田块一角或靠阴山一边开挖，鱼凼深1.0米，靠田块的一方，用10～12厘米的石板或砖进行浆砌，坡度1∶1.25。环沟在养鱼稻田的四周距离田埂1～1.5米处开挖，沟宽1～1.5米，沟深0.6～0.8米。养殖稻田注排水系要通畅。进、出水口要设置在稻田斜对两端，进水时可使稻田的水都能均匀流动，增加水体溶氧量，使鱼在田里活跃游动，提高鱼饲料的利用率和鱼体生长速度，在进水口上安一道过滤网，在出水口上安拦鱼设施二道网，呈弧形，第一道是拦渣网，第二道是拦鱼网，用目大0.7～1厘米的聚乙烯网。一般以能防止逃鱼和水流畅通为准。

（二）品种选择

稻种宜选用抗病、防虫优质水稻品种。鱼种以瓯江彩鲤为主，适当搭配草鱼、鲢鱼、鳙鱼等，选择鱼体光滑健壮、鳞片完整、体长6～10厘米鱼种投放。

（三）田间管理

在水稻生长期间，稻田水深应保持在5～10厘米；随水稻长高，鱼体长大，可加深至15厘米；收割稻穗后田水保持水质清新，水深在50厘米以上。防治水稻病虫害，应选用高效、低毒、低残留农药。水稻施药前，先疏通鱼沟、鱼溜，加深田水至10厘米以上，粉剂趁早晨稻禾沾有露水时用喷料器喷，水剂宜在晴天露水干后喷雾器以雾状喷出，应把药喷洒在稻禾上，施药时间应掌握在阴天或下午5时后。平时经常检查拦鱼栅、田埂有无漏洞，暴雨期间加强巡察，及时排洪、清除杂物。

稻田综合种养模式

二、经验做法

（一）科学规划布局

按照农牧渔结合、粮经饲统筹、种养加一体化发展的要求，在不影响粮食安全的前提下，综合考虑经济成本、市场销路、环境承载等因素，因地制宜开发利用稻田资源，积极综合利用高标准农田，整合各类资源、优化区域布局、整体成片推进，规模化发展稻田综合种养。

（二）坚持融合发展

积极推进发展稻渔综合种养观光、休闲、体验等新产业新业态，扶持稻田综合种养一二三产业深度融合发展，完善稻田综合种养产业体系，延伸产业链，提升价值链，提高产业整体素质和竞争力，打造一批依托稻田综合种养的农业主题公园、休闲渔庄和专业村。

（三）突出示范引领

发挥新型经营主体的组织引领和示范带头作用，推动稻田综合种养的规模化、集约化、标准化、品牌化发展。针对经营分散、组织化程度不高的现状，大力培育稻田综合种养专业大户、家庭农场、农民专业合作社、龙头企业等新型经营主体，做大产业规模，推进标准化生产，实现品牌化经营，形成区域性的优势产业。

（四）强化指导服务

以产业需求为导向，以薄弱环节为重点，积极推广稻田综合种养新模式、新技术和新品种，强化资源整合，加快技术研究和攻关，力争在生态系统改善、农机农艺配套集成、种养全程机械化技术等方面取得突破。组织农学、水产、农机、加工等多领域专家组成的技术团队，深入田间地头，开展技术指导。

三、主要成效

从各地示范点的实践看，通过新技术、新品种、新模式的应用，稻田综合种养示范区，可减少农药使用量 68% 左右，减少化肥使用量 50% 左右，明显促进了农业投入品的减量控害，有助于显著改善农业生态环境，维护农田生态系统，更好保障稻谷、水产品的质量安全，提升产品品质，每亩综合效益平均增加 3 000 元以上。**在品种选育上**，筛选了川优 6203 优、川优 8377 优等适合稻田种养的优质水稻品种。**在技术集成上**，形成了"绿色防控＋强化栽培技术"等高效栽培技术，集成了以"稻－鱼""稻－鳖－虾""稻－鳅""稻－虾"等模式为核心的种养技术标准 5 项及技术规程 6 套。**在产业模式上**，形成了一批可复制、可推广的产业经营模式，如崇州的"农业共营制＋稻渔综合种养"、隆昌的"农业园区＋稻渔综合种养"和邛崃、江油等地的"新型经营主体＋稻渔综合种养"。

水稻绿色高效种养模式

2017年，湖北省按照中央1号文件"推行绿色生产方式，增强农业可持续发展能力"的有关要求，大力开展水稻绿色高效种养技术示范和推广，辐射带动了全省水稻产业升级。

一、技术推广情况

全省共创办7个核心示范区，集中示范稻虾共生综合种养、中稻－再生稻－油菜（绿肥）周年高效栽培等水稻绿色高效种养生产模式。核心示范区面积2.28万亩，带动示范区推广应用25万亩，辐射全省643万亩。

（一）稻虾共生综合种养技术

在稻田里开挖环形沟养殖淡水小龙虾，利用稻田的浅水环境，辅以人为措施，既种稻又养虾。其主要方法是种植水稻－回形沟中种植水草－营造良好生态－培育水生物－投放优质亲虾－水质控制等技术，通过统一品种、统一播种、统一肥水管理、统一病虫害防治、统一收获的管理模式，达到以废补缺、互利助生、化害为利的综合种养目的。水稻主要选择一季中稻或一季晚稻，品种选择株型紧凑、抗病力强、抗倒力强的省、市主导品种。2017年实施该项技术种植的水稻品种主要是丰两优香一号、泰优398，虾的品种是淡水鳌虾。

小龙虾饲养

组织观摩活动

（二）中稻－再生稻－油菜（绿肥）周年高效栽培技术

该项技术选用再生能力强、生育期中熟的中稻品种与早稻同期种植，收割后留稻桩分蘖发芽成为再生稻，再生稻收割后，采用"旋耕、播种、施肥、开沟、除草"一体化机械操作，种植油菜代替绿肥。此种栽培技术能实现播种一次收获两季水稻的目标，同时以油菜代绿肥，利用冬季光温资源，使磷、钾、微肥等在油菜栽培和中稻栽培中循环利用，起到改良土壤、培肥地力的种地养地目的。

油菜绿肥示范区

二、取得的成效

（一）经济效益高

2017年，稻虾共生综合种养技术的核心示范区面积共11 300亩，一季中稻平均亩产636.8千克，优质龙虾平均亩产126.8千克，亩平产值超过4 000元，亩综合增收1 500元以上。中稻－再生稻－油菜（绿肥）周年高效栽培技术核心示范区面积4 500亩，核心区一季稻平均亩产676.3千克，再生稻平均亩产353.4千克，两季平均亩产超1 000千克，较一季中稻亩增收稻谷350千克以上，亩增收1 000元以上。

（二）生态效益突出

稻虾共生模式是一种纯生态的种养模式，稻田中生长的水草和水生生物为小龙虾提供食料，龙虾排泄物为水稻提供充足养分，不用或少用化学农药除草治虫，很大程度上节省了工时，降低了生产成本。中稻－再生稻－油菜（绿肥）周年高效栽培技术以油菜代替绿肥，亩产油菜新鲜秸秆绿肥1 000千克以上，土壤有机质提高0.02%，亩平均节省化肥用量1千克以上，化学农药使用量降低20%，亩平均节本增收30元以上，达到养地用地结合，实现了"藏粮于技"。

（三）社会效益好

通过技术示范推广，大大提升了水稻综合生产能力，促进了水稻产业可持续发展。同时，促进了农业产业化经营和农业结构优化调整，促进了农业增效、农民增收。洪湖市春露农作物种植专业合作社联合社打造再生稻品牌，在全产业链上倡导绿色生产、绿色经营、绿色消费，2017年8月在第十八届中国绿色食品博览会上，春露牌再生稻香米获绿博会金奖。

旱地秸秆带状覆盖马铃薯种植技术

2017年，甘肃省将旱地秸秆带状覆盖马铃薯种植技术作为五大农业推广潜力技术之一，在全省组织大面积示范推广。

一、技术简介

旱地秸秆带状覆盖马铃薯种植技术是利用前茬双垄沟地膜玉米地块种植马铃薯，将玉米剩余秸秆做覆盖保墒材料，采取"种的地方不覆、覆的地方不种"的带状覆盖方式。具体做法是：玉米实行高茬收割，留茬高度5厘米。在清除残膜后，将玉米整秆镶嵌在小垄上，大垄不覆秆，留作马铃薯种植带。覆盖带和种植带相间排列，覆盖带50厘米，种植带70厘米，总带幅120厘米，秸秆覆盖度42%，不降低单位面积种植密度。该技术将秸秆覆盖保墒与降低土壤温度效应有机协调，创造适宜马铃薯生长的水温条件，适宜在年降水量250～550毫米、一年一熟的旱作区马铃薯种植上推广应用。

二、示范推广效果

试验示范结果表明，旱地秸秆带状覆盖马铃薯种植技术具有以下推广应用价值：**一是节本增效**。该技术较露地抗旱增产显著，据测算，平均较露地种植亩增产386千克。同时，每亩可节省购地膜成本130元，节本增效显著。**二是节肥节药**。秸秆覆盖后还田，可增加土壤有机质含量和培肥地力，减少化肥用量。秸秆覆盖可显著降低地温，在有利于薯块膨大和高产形成的同时，可减轻马铃薯晚疫病等病害发生，有利于降低农药使用量。**三是生态安全**。秸秆覆盖可避免地膜覆盖对土壤的污染和秸秆焚烧引起的雾霾污染，同时也为大量剩余玉米秸秆提供了资源化利用新途径。

稻田马铃薯绿色高效生产技术

为推进稻田高效利用和马铃薯全程机械化生产，近年来安徽省在肥东、芜湖、含山等地开展了稻田和育秧大棚马铃薯增产模式和配套生产技术攻关示范和推广，取得了良好的经济、社会效益。

一、技术要点

（一）品种筛选

选用适宜安徽稻茬田种植的优质高产菜用型品种，如皖马铃薯1号、中薯5号、中薯10号等。

（二）适期播种

沿江地区12月20日、江淮之间12月30日前后播种，避开早春冻害。

（三）栽培管理

机械化播种（开沟、播种、施肥、起垄、覆膜、芽前封闭除草剂）、机械化田管（中耕培土、植保）和机械化收获。

（四）茬口安排

采取"水稻育秧大棚早春马铃薯＋水稻育秧＋秋马铃薯"周年三茬制种植模式。

马铃薯品种筛选

机械化播种

二、主要做法

（一）科学制订方案

制定了《安徽省稻田马铃薯绿色增产模式攻关示范方案》，细化品种、土肥、植保、农机农艺等配套技术方案，明确示范推广技术模式。

（二）明确责任分工

示范县农技推广部门负责组织技术示范，安徽省马铃薯专家团队负责技术指导。各示范县对示范种植大户进行双向选择，既要有800亩以上的水稻种植规模，又要有20亩以上的育秧大棚，并有调整种植结构、种植马铃薯的积极性和主动性。

（三）开展培训观摩

在马铃薯产前、产中和收获阶段，针对性开展技术培训、技术示范、田间观摩、田间测产和总结等活动。先后在肥东、蒙城、舒城、定远、潜山等地召开全省稻田（含育秧大棚）马铃薯机械化播种、机械化收获、田间观摩等现场培训会，邀请马铃薯生产机械厂家现场进行机械展示和操作示范。

马铃薯绿色生产技术示范推广活动

（四）加大宣传报道

通过安徽农业信息网、安徽农技推广网和安徽园艺网等网站，对稻田马铃薯攻关示范进行宣传报道。

三、取得的成效

累计在肥东、芜湖、含山、定远、舒城、蒙城、霍邱、明光、郎溪、泾县、潜山和颍上等水稻生产县开展稻田马铃薯增产模式攻关示范和推广，建立稻田、育秧大棚马铃薯生产示范基地1 125亩，示范推广1.2万亩。

"水稻-马铃薯"连作和"大棚育秧-马铃薯"连作，提高了土地利用率，稻田地膜覆盖和稻草覆盖马铃薯管理成本低，上市早，售价高，综合经济效益十分显著。同时，稻田和育秧大棚种植马铃薯，实现了茬口科学安排和周年高产高效，推动了生产结构调整。

戈壁绿色蔬菜有机生态无土栽培技术

近年来，甘肃省积极推广戈壁有机生态无土栽培技术，在戈壁滩、沙石地、盐碱地、沙化地等不适宜耕作的闲置土地上发展绿色蔬菜生产。

一、技术要点

根据盐碱、沙石地等类型戈壁日光温室实际，配套基质槽、供水系统、节水滴灌系统建造，采用栽培基质发酵与配制、穴盘基质育苗、设施消毒、环境调控等一系列实用技术。

戈壁日光温室

节本型栽培槽建造

节水灌溉技术应用

集约化育苗技术应用

（一）节本型栽培槽建造

具体建造方法是：在地面开"U"形槽，就地取材，用挖出的块石砌槽边，槽内径60厘米，槽深30～35厘米，槽长7.0～8.0米，槽间走道宽80厘米，走道高60厘米，栽培槽底部填3～5厘米厚的瓜子石，上铺一层编织袋，填充25～27厘米深的栽培料。

（二）栽培基质

以农作物秸秆、玉米芯、菇渣、炉渣等有机、无机物按一定比例混合发酵作为栽培基质，代替土壤生产，同时添加矿物质及微量元素或使用有机固态肥。

（三）基质修复

每年前茬作物拉秧后，在原有基质上开沟，每亩添加10米^{3}发酵腐熟的牛粪等有机肥，并补充适量的复合肥料做底肥，延长基质的使用年限。

（四）基质消毒

在每年的7月中下旬，前茬拉秧后，结合高温闷棚，选用石灰氮、威百亩等对基质进行消毒，减轻土传病害的发生。

二、推广情况

甘肃省积极推广戈壁有机生态无土栽培技术，通过在酒泉市肃州区开展示范推广，辐射带动临泽县、玉门市、靖远县、榆中县、徽县等24个县区。全省共开展专场培训42期，培训专业技术人员165名，农民2 383余人次，发放资料8 500份，接待考察参观人员21 200多人次。截至目前，累计推广有机生态无土栽培9.4万亩，种植种类由茄果类增加到西瓜、甜瓜、葡萄、草莓等多种果菜类。

三、取得的成效

戈壁设施蔬菜种植采用有机生态无土栽培技术，取得了较好的经济效益，增产增收效果显著。日光温室蔬菜亩产量比土壤栽培平均增加1 100多千克，增幅达15%；双拱双膜拱棚周年生产蔬菜3～4茬，亩产量达15 000千克，亩产值较常规生产增加效果显著。同时，戈壁有机生态无土栽培技术的推广，促进了农作物秸秆、菇渣、炉渣、畜禽粪便等废弃物资源化利用，具有明显的生态效益。

水果避雨栽培技术

近年来，浙江省将水果避雨栽培技术列为种植业"五大"主推技术，重点在具有浙江地方特色和较大生产规模的杨梅和枇杷二大水果上进行推广。

一、主要技术内容

（一）杨梅避雨栽培技术

1.设施类型。分为促成栽培和避雨栽培两种类型。促成栽培选用连栋大棚或单体大棚，连栋大棚肩高3米，顶高4.5米；单体大棚一般顶高4米以上。顶棚设通风口，宽度1米，四周通风口高度为1.8米。避雨栽培选用顶棚覆盖简易避雨大棚，四周为防虫网，棚面顶高出树顶50厘米以上。

2.覆盖时间。促成栽培一般11月底至12月上旬覆盖。避雨栽培一般在6月份果实成熟前而梅雨来临之前覆盖，如前期雨水较多则可适当提前覆盖。采摘结束后及时去膜。

3.设施材料。大棚设施可用钢架或毛竹架，选用专用塑料农膜覆盖，避雨栽培的四周为防虫网。已有防虫网支架的，可直接在顶部覆盖薄膜。大风前后及雨水来临前，及时检查覆膜情况，并进行修补加固。

4.配套栽培管理。合理的园地、树形与栽植密度，科学的花果、肥水、病虫害防控和温湿度管理。

（二）枇杷避雨栽培技术

1.设施类型。分为促成栽培和避雨栽培两种类型。促成栽培选用连栋大棚或单体大棚，连栋大棚肩高2.5～3米，顶高4～4.5米；单体大棚一般顶高4米以上。顶棚设通风口，宽度1米，四周通风口高度为1.8米。避雨栽培选用避雨大棚，可为单棚或连栋棚，顶棚覆盖四周不盖膜，保持通风状态。大棚顶高在3.6～4米，肩高在2.5～3米。

2.覆盖时间。促成栽培可在11月下旬至12月初，第一次霜来临前覆膜，以防雨防霜，防止早期花腐烂。避雨栽培单体或简易避雨棚在2月中下旬进行，单防裂果可在4月中旬果实膨大期进行覆膜。

3.覆盖材料。大棚栽培选用专用塑料农膜。

4.配套栽培管理。合理的园地、树形与栽培密度，科学的土肥水、花果管理，病虫害防控、防冻防日灼措施。

二、技术推广方式

（一）加强技术交流

在兰溪、黄岩等示范县召开现场考察和技术交流会，在青田县举办全省水果避雨栽培技术现场推进会，交流各地水果避雨栽培技术示范成效和经验。

（二）开展示范推广

在全省建立杨梅、枇杷避雨栽培技术示范点15个，通过浙江省果品产业技术团队项目给予支持，每个示范点都分别有团队的杨梅、枇杷专家做为技术指导，保证技术示范应用到位。

（三）加大总结宣传

总结各地杨梅、枇杷避雨栽培技术应用情况，进一步完善避雨栽培技术措施，编制杨梅、枇杷技术模式图和技术图册，积极宣传相关技术。

三、取得的成效

通过加强技术示范推广，目前浙江省各类果树避雨设施面积已近40万亩，取得了显著的经济、社会和生态效益。一是保果增产，落果率明显减少，商品果率提高。二是单果重增加，果实品质提高，果蝇危害明显减少。三是效益提高，据生产试验，杨梅避雨栽培后商品果率提高30%、落果率降低20%以上，固形物含量提高近10%，市场价格提高60%以上。

晚熟柑橘栽培关键技术

四川是全国最大的晚熟柑橘优势区和晚熟柑橘商品果生产基地,近年来,四川省大力推广晚熟柑橘栽培关键技术,推动晚熟柑橘产业高效健康发展。

一、技术要点

(一)建园

推行深松培肥、聚土起垄、宽行窄株、地布覆盖、配置肥水一体化设施的高效建园技术模式。采用机械起垄,单行栽植,土垄基部宽3米、上部宽2.5米,垄高0.6~0.8米,行间整理成0.3%比降斜面,便于排水和机械作业或实行间作。每亩压埋有机绿肥3 000~5 000千克,或其他有机肥2 000~4 000千克。

(二)苗木栽植与管理

选择优良晚熟柑橘品种,以资阳香橙、枳壳等为砧木(碱性土应选择资阳香橙等抗盐性砧木)。定植前在土垄中间开挖定植穴,定植时根颈露出地面,确保植株成活和迅速生长。年施肥4~5次,在2月、5月、7月、9月、10~11月施用。采用"四免技术"(LS地布覆盖免翻耕除草、果园免施除草剂、土壤注射免穴施肥、幼树免剪)促长促花促果,快速成园。

（三）肥水管理

配套建设水肥（药）一体化设施，选用有机液肥和溶解性好的化肥，采用土壤注射施肥或滴管施肥。成年树年施纯氮0.8～1.0千克，氮、磷、钾比例约1:（0.6～0.8）:（0.8～0.9）。每年2～3月施入萌芽肥或花前肥，6～7月施入壮果肥（加入油枯等有机肥），冬季基肥提前到10月中下旬施入。

春芽萌动前至3月中旬期间，视其土壤干旱程度适当补充水分。晚熟柑橘采果后至开花初期，结合施春梢肥，需进行2次灌水。在生理落果期、果实膨大期，根据土壤水分状况适时适量灌溉。秋季多雨季节或果园积水时及时排水，适度控水增糖降酸促进花芽分化。

（四）病虫害防治

加强病虫监测，使用与环境相容性好、高效、低毒、低残留的农药防治病虫害。生长季节注重防治红蜘蛛、黄蜘蛛、蚜虫、潜叶蛾、炭疽病等。冬季清园用1～1.5波美度石硫合剂＋5％尼索朗乳油（噻螨酮）1 000～1 500倍液，或法夏乐矿物油150～200倍＋5％噻螨酮（尼索朗）1 000～1 500倍液。

（五）防寒保果安全越冬

10月中旬至11月中旬进行冬季保果处理，防止越冬落果。11月底至12月上旬日均温降到10℃左右时，用4～6微米流滴膜进行树冠覆膜，防止霜雪危害树体和果实。春季适时揭膜，分两次进行，当日均温稳定通过8℃时，可将覆膜部分敞开；当日均温稳定通过12℃时，可将覆膜全部揭除。揭膜后，根据土壤干旱程度适当补充灌水和防治病虫害。

二、推广工作

2017年，在眉山、资阳、遂宁、资中、丹棱、井研、新都、蒲江、双流、成都、天府新区、犍为、石棉、简阳等地，举办千亩果树（血橙）扶贫基地现场参观交流会、四川晚熟血橙现场观摩与发展推进会、四川柑橘供给侧结构性改革研讨暨现场培训会、柑橘新品种品鉴会、柑橘新品种新技术交流观摩现场会等晚熟柑橘栽培关键技术培训班（会）34期，培训技术员、业主、农户4 030人。

三、取得成效

截至目前，晚熟柑橘栽培关键技术推广应用面积超过50万亩，促进柑橘快速成园。植株生长参数和结果期比常规技术提早2年以上，5～6年生幼树平均亩产增加40%以上。果实延长采收期2～5个月，为避免水果集中上市，均衡市场供应提供了技术支撑。此外，提升了果品品质，降低了果实酸度，提高了糖酸比值和固酸比值。

小 蚕 共 育 技 术

广西地处南亚热带季风湿润气候区，气候温和，适宜发展养蚕业，蚕桑生产从2月底至11月底，每年可养7～8批蚕。近年来，农业部门大力推广节本高效小蚕共育技术，积极推动蚕桑产业由数量增长向质量和综合效益增长方式转变，促进了桑蚕产业持续稳定健康发展。

一、技术优势

小蚕共育技术是把小蚕集中在设施完善，配套专用桑园和专业技术员的企业或专业户饲养，3龄或4龄起蚕分发给蚕农饲养的一种分段养蚕技术。该技术具有省劳力、省投资、省蚕房、省桑叶及蚕茧产量高、质量高等优点，便于管理、便于消毒防病、便于新技术的推广应用，很好地解决了农村养小蚕难的问题，成为广西蚕桑产业重点推广的重大技术。

二、主要做法

（一）政策和资金扶持

近年来，广西持续加大对蚕桑产业的政策和资金扶持，通过财政资金补助扶持共育室建设，制定相应的政策，鼓励企业个人发展小蚕共育，开展技术创新应用。2017年，广西财政投入135万元扶持建设6个小蚕共育示范基地，示范推广小蚕共育技术。

（二）规范小蚕共育的监督管理

修订《广西壮族自治区蚕种管理条例》，将商品小蚕的生产经营纳入适用范围，对商品小蚕的生产经营、质量管理和法律责任进行了详细规定。各地农业主管部门按照条例要求，根据本地的实际情况，建立了资格审批、纠纷调节、抽查通报、奖惩等机制，保障商品小蚕产量和质量的稳定。

（三）集成推广小蚕共育技术和机具

制定了《桑蚕小蚕共育技术规程》，推广和应用了多用途塑料蚕框、塑料收蚁盘、自动喂蚕机、消毒机、水帘降温补湿风机、高效节能水暖循环加温炉、背负式的燃油割桑机、专用切叶机、喷雾机、微型中耕机、全程自动化蚕种催青系统等一大批小蚕共育省力化创新机具设备。

（四）建立小蚕共育服务体系

引导和鼓励共育户成立行业协会，制定行业自律规则、生产协议，采用统一的技术、质量和价格，规范和约束共育户的生产经营行为。通过协会定期组织学习、考察、交流，提高共育技术水平，做好售后服务，与蚕农建立供需双方长久稳定共赢的良好关系，共同促进小蚕共育健康稳定可持续发展。

三、取得的成效

目前广西已建有小蚕共育室1 985个，小蚕共育率达66.10%，小蚕共育技术得到较好应用和普及，有力促进了广西桑蚕产业的持续稳定健康发展。据统计，2017年广西桑园面积达到311.79万亩、蚕茧产量39.59万吨，蚕农售茧收入195.38亿元，蚕茧产量连续13年位居全国第一。全区蚕桑生产覆盖73个县、593个乡镇、5 054个村、88.04万农户，养蚕户均收入2.22万元，人均养蚕收入5 548元，成为农民增收农业增效的好产业。

海南和牛综合养殖技术

　　海南和牛是以海南黄牛为母本，优质黑毛和牛为父本，通过人工授精等技术进行改良推广与养殖的良种杂交肉牛。近年来，海南在散养农户和规模化牛场积极推广海南和牛综合养殖技术，取得较好成效。

一、技术要点

（一）人工授精

　　借助于专门器械，用人工方法采集公牛精液，经体外检查与处理后，输入发情母牛的生殖道内，以代替公、母牛自然交配，使其受胎。

（二）牛舍建设

　　牛舍建设选址必须远离社会公共区、主干道路、生活饮水区和污染区，功能上应分生活区、管理办公区、生产区和生产辅助区等，并配套相关设施设备。

（三）养殖管理

　　按照舍饲养殖技术操作规程，科学制定牛群的饲料营养、消毒、免疫、保健管理制度，并规范实施。同时，结合养牛规模与用料情况，配套建设相应的牧草地和设备设施，种植优质牧草，应用秸秆青贮技术等储备饲料。

二、推广工作

（一）建设种源基地

从澳大利亚引进血缘清晰、系谱清楚的纯种和牛胚胎，在海口云龙和牛养殖基地建立起42头纯种和牛核心群。目前基地的纯种和牛公牛经调教，年生产合格冻精20 000枚以上，免费发放至各市县配种站，改良本地黄牛，生产海南和牛，达到提高生产性能和经济效益的目的。

（二）搭建推广服务网络

在海口、澄迈、定安、儋州、万宁、文昌、陵水、昌江、琼中9个市县建立海南和牛养殖示范点54个、配种站35个。培育11家海南和牛规模养殖企业，种植牧草3 240亩，培养牛人工授精技术员21名，形成了海南和牛养殖示范推广技术服务网络。

（三）举办技术培训

2017年，湖南省畜牧技术推广总站举办养殖技术培训班，对全省各市县养殖管理及技术人员进行理论和技术操作培训，重点开展牛人工授精技术培训，培育和壮大基层配种服务队伍，为广大养殖户提供品种改良服务。

三、取得的成效

截至2017年底，累计推广养殖海南和牛3万多头。海南和牛具有生长快、个体大、肉质好、耐热、耐粗饲、抗逆性强的特点，杂交优势明显。据测算，1头海南和牛比1头雷琼黄牛新增纯收益达2万元，对养殖户增收作用明显。

异位发酵床处理猪场粪污技术

异位发酵床处理猪场粪污技术是一项集源头减量化、过程无害化、末端资源化为一体的系统工程技术，具有无排污口、无臭味、易操作等优点，2017年被列为全国养殖粪污资源化利用七项主推技术模式之一，福建省积极示范推广这项技术，取得很好成效。

一、技术原理

其主要工艺和技术原理是将猪场粪污收集到畜舍外发酵槽内，与谷壳、木屑等垫料和专用发酵菌剂混匀后，在适宜的湿度、碳氮比、温度及有氧的条件下，粪污中的有机物质得到充分的降解、消化，水分大部分被蒸发，未能降解的残留有机物转化为腐殖质，作为功能性生物基质和有机肥加工原料，实现资源化利用。

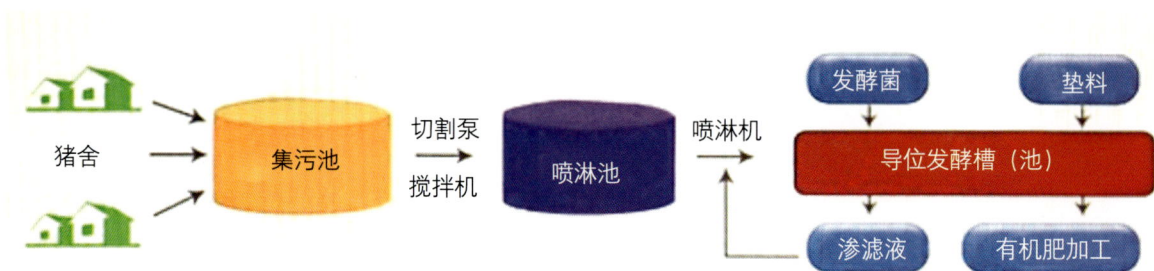

异位发酵处理猪场粪污工艺流程示意图

二、主要做法

（一）建立以点带面的推广模式

建立三级示范场27个，其中省级8个、地市级6个、县级13个；召开示范场现场观摩会15场，其中省级观摩会1场、市级观摩会1场、县乡级观摩会13场次。通过示范场与观摩会相结合的形式，起到了良好的辐射带动作用。

（二）开展宣传培训和技术指导

利用新闻和网络媒体，大力宣传异位发酵床治理猪场粪污优点。建立上下联动的技术培训机制，省市县乡先后举办各种培训班346期，培训农业部门领导、畜牧站长和养猪场业主

14 800多人次。发放专业技术资料8 000份、明白纸3 000份。组织2 550批次，派出技术人员7 650人次，进行答疑解惑和现场技术服务工作。

"农科"粪污喷淋机作业现场

（三）实施政府补贴政策

福建省将猪栏铺设漏缝地板、安装节水饮水器、雨（饮）污分流和高压冲洗机等减量化设施设备，纳入生猪标准化升级改造项目建设内容，给予养殖户50%购置补贴。将翻抛机、发酵槽等异位发酵处理设施设备列为环保工程建设项目内容，给予投资总额的50%～70%补贴，同时将翻抛机纳入农机购置补贴对象。全省累计投入2.89亿元，惠及1 000多家养猪场户。

三、推广成效

目前，异位发酵床模式治理猪场粪污技术已推广应用多省区2 200多家规模养殖场，年处理猪场粪污能力600多万吨。主要成效：**一是实现畜禽养殖污水零排放。**每立方米的垫料每年可减少排放氨氮5.4千克/米^3、COD 108千克/米^3，无需再配套沼气工程系统，没有污水达标问题。粪污经发酵后的固体腐殖质体积小、重量轻，减少了运输成本，扩大了异地资源化利用的半径。**二是提高种养殖废弃物资源化利用水平。**以谷壳、木屑为原料作为垫料发酵基质的，每出栏1头肥猪可生产腐殖质约200千克，生产有机肥1.6吨。以农作物秸秆为主要原料作为垫料发酵基质的，每出栏1头肥猪生产腐殖质达600千克，为农作物秸秆资源化利用开辟了新途径。**三是降低生猪疾病发病率。**有效克服原位发酵床（接触式）对生猪生长健康的负面影响，全省生长肥育猪呼吸道等疾病发病率降低65%以上，成活率提高一个百分点以上。

生物降解液态地膜应用技术

辽宁省近年引进生物降解液态地膜，在辽西北干旱地区的玉米、花生、马铃薯等作物上进行试验、示范和推广应用，取得了较好成效。

一、技术要点

生物降解液态地膜是由多种高分子材料耦合而成悬浊乳状液体，喷施后在土壤表层形成网状胶体薄膜，封闭土壤表面孔隙，抑制土壤水分蒸发，具有增温保墒功效，又避免了残膜污染。

（一）选用适宜液态地膜

选用成膜效果好，膜效时间80～90天，能够与除草剂混合施用的液态地膜产品。

（二）确定最佳用量、适宜浓度和时间

1.原液量。一般壤土种植花生亩用液态地膜原液量25～30千克，玉米亩用液态膜原液20～25千克；沙壤土种植花生和玉米应用液态地膜的亩用量分别增加5千克左右。

2.稀释浓度。先用2～3倍的清水稀释液态膜原液，再加4～5倍的清水搅拌均匀，之后再加入与喷施面积等量的可与之混用的除草剂，搅拌稀释均匀后喷施。

3.喷施时间。底墒足的条件下，播种后3天内将液态地膜与除草剂稀释液均匀喷施到田面成膜。

（三）采用机械喷施

1.喷施机具选择。简易喷施设备喷洒时喷头距离垄面高度30厘米左右，专业喷施机械采用后悬挂折叠喷杆式机械，喷幅6～8米，配套22.05千瓦或36.75千瓦动力牵引。

2.喷施设备清洗。在喷施前将喷施设备清洗干净，防止残留在喷施器具中的农药或除草剂伤害作物；喷施后全面清洗喷施设备，以免因液态地膜黏结造成设备损坏。

3.液态地膜过滤。将原液倒入喷施机具容器时，入口处要加上过滤网，避免杂质进入堵塞喷管和喷头，影响喷施效果和喷施速度。

（四）配套增加膜效措施

1.精细耕耙，蓄水保墒。秋季收获后及时翻耕耙压，达到地表平整、耕层土壤细碎的待播状态。

2.避免铲趟，保护膜效。喷膜后40天内，田间避免人、畜踩踏和铲趟，保证液态地膜不被破坏。

3.择机喷施，防雨冲膜。选择2～3天内无雨天气喷施液态地膜，喷施速度均匀，不重喷、不漏喷。喷后如降大雨需重喷。

二、推广工作

（一）整合资源，提高液态地膜技术应用

与绿色高产创建等项目结合，开展示范区建设和相关技术培训，充分利用专业合作社等规模经营，发挥项目技术的叠加效应。

（二）建设展示平台，发挥辐射带动作用

通过建设液态地膜技术核心示范展示区，组织现场观摩等，发挥辐射作用，为大面积推广奠定基础。

（三）强化技术培训，提高农民科技意识

围绕液态地膜在不同作物上的使用技术等开展技术培训，印发技术资料，提高农民的科技意识。

（四）开展研推合作，联合攻关关键技术

与省内农机农艺科研院所联合，对液态地膜及喷施设备进行交流研讨，提出有针对性的改进意见，并研制相互配套的产品和喷施设备。

（五）加强宣传，扩大技术影响层面

联合新闻媒体等对该技术做专题报道，扩大技术的影响范围，加速推广应用。

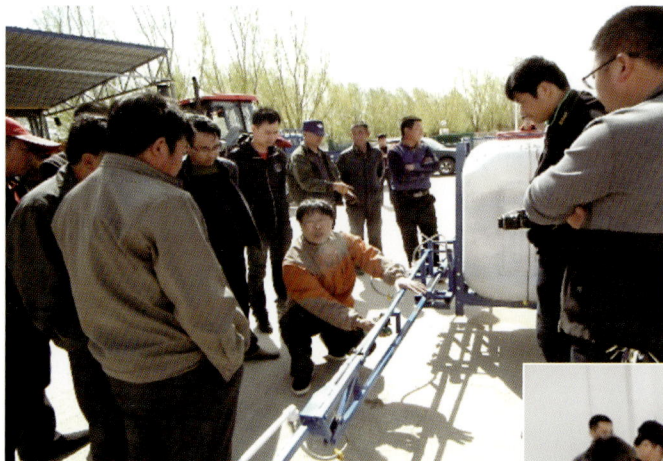

朝阳县实施生物降解液态地膜应用技术示范推广项目

三、取得成效

在辽西北累计示范推广123.45万亩，增加粮油作物产量5 383.89万千克，新增产值19 235.07万元，新增纯收入13 062.57万元。

集装箱养鱼模式

集装箱养鱼模式是一种利用集装箱进行标准化、模块化、工业化循环水养殖的新兴模式，近年来在河南、广东、山东、贵州、河北、江苏、安徽、西藏、湖北、湖南、广西和宁夏等地推广应用。该模式以标准集装箱为载体，通过综合应用循环推水、生物净水、流水养鱼、鱼病防控、集污排污、物联网智能管理等技术，有效控制养殖环境和养殖过程，实施可控式的集约化养殖，实现资源高效利用、循环用水、环保节能、绿色生产、风险控制的目标。根据应用范围和水处理方式不同，该技术模式可分为陆基推水式和"一拖二式"两种模式。

一、陆基推水式

该模式通过在池塘岸边摆放一排集装箱，将池塘养鱼移至集装箱，箱体与池塘形成一体化的循环系统，从池塘抽水、经臭氧杀菌后在集装箱内进行流水养鱼。养殖尾水经过固液分离后再返回池塘处理，不再向池塘投放饲料、渔药，池塘主要功能变为湿地生态池。

（一）系统构成

陆基推水集装箱式养殖系统由箱式养殖、杀菌(臭氧发生器)、水质处理、排水（液位控制管及后续管道）、进水（水泵浮台及水泵）、增氧（鼓风机）、精准控制（水质监测、设备监控箱）、高效集污（集污槽、旋流分离器、沉淀池）、便捷捕捞、池塘生态净水等十大系统组成。

陆基推水式

（二）技术特点

一是保持池塘与集装箱不间断地水体交换，常规5亩池塘配10个箱（即1亩池塘配置2个集装箱），每个集装箱平均每天可实现2次完全换水。箱体配有增氧设备、臭氧杀菌装置等，能够调控养殖水体，降低病害发生率。二是箱体内采用流水养鱼，鱼体逆水运动生长，符合鱼类生物学特性和生活习性，再加上定时定量投喂全价配合饲料，减少饲料浪费，饲料系数达到0.9～1.2，成鱼品质较传统池塘明显提高。三是可将养殖废水进行多级沉淀，集中收集残饵和粪便并作无害化处理，去除悬浮颗粒的尾水排入池塘，利用大面积池塘作为缓冲和水处理系统，可减少池塘积淤，促进生态修复，降低养殖自身污染。

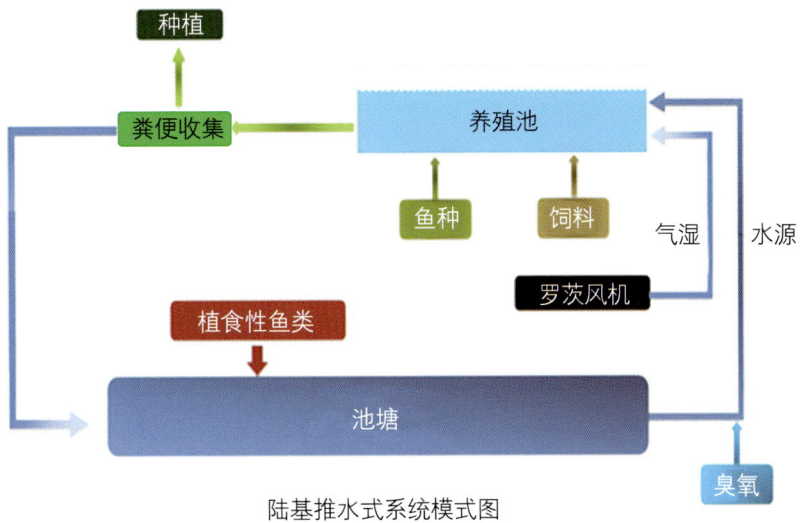

陆基推水式系统模式图

二、一拖二式

该模式系统集成了水质测控、粪便收集、水体净化、供氧恒温、鱼菜共生和智慧渔业等六个技术模块，通过控温、控水、控苗、控料、控菌、控藻"六控"技术，达到养殖全程可控和质量安全可控。

一拖二式

（一）系统构成

一拖二式集装箱养殖系统由箱式养殖、杀菌(臭氧发生器)、水质处理、排水（液位控制管及后续管道）、进水（水泵浮台及水泵）、增氧（鼓风机）、精准控制（水质监测、设备监控箱）、高效集污（集污槽、旋流分离器、沉淀池）、便捷捕捞、池塘生态净水等十大系统组成。

（二）技术特点

一是水处理系统含有微滤机、气提管、罗茨风机、臭氧发生器、智能中控系统及生化池等设备，具有固液分离、杀菌消毒、生化处理、多重增氧保障等功能，可以精准调节水体中的溶氧量、pH、氨氮、硝酸盐等指标，确保养殖水质最佳。二是具有恒温系统，通过加热或控温方式，使养殖水体保持全程恒温，既可以避免因温度变化带来的鱼体应激反应，提高养殖对象成活率，又可以实现全年持续生产，满足错季市场需求、获取持续收益。三是设计上具备控菌控藻功能，能即时处理养殖粪污，降低养殖病害风险，提高养殖环保水平；而且箱体养鱼不受台风、洪涝、高温、冻害等自然灾害影响，可避免断电、跑鱼、死鱼等情况，减少灾害损失。

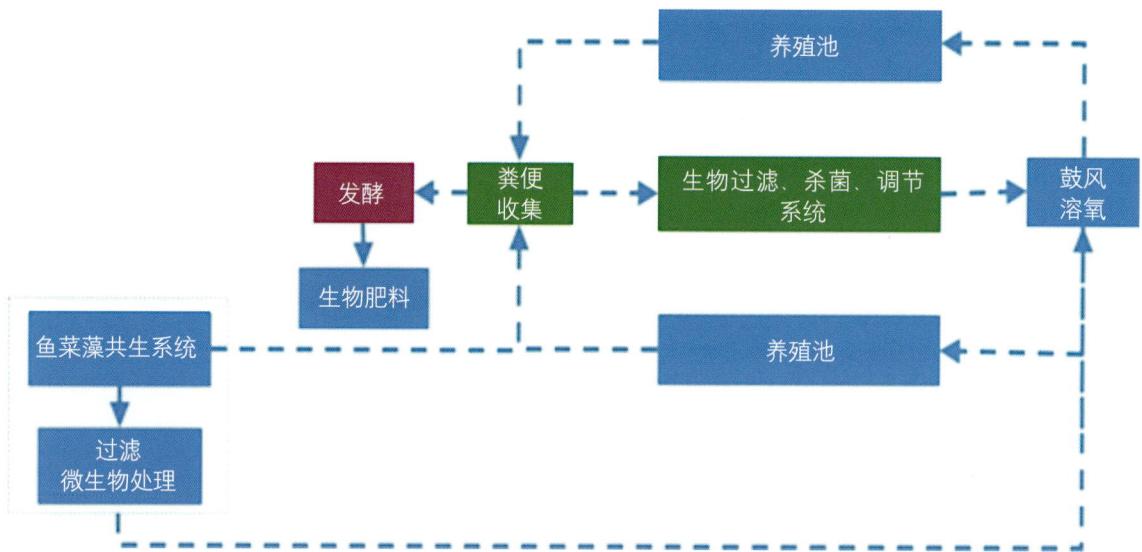

一拖二式系统模式图

第四篇
典型经验

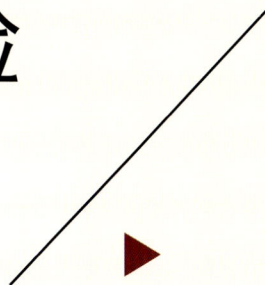

打造三级植物健康体系
助推农技推广融合发展

近年来，北京市适应都市型现代农业发展和农业生产经营主体变化，创新农技推广方式方法，首创了三级植物健康体系，推动各级植保产学研部门融合发展，在积极为农户提供公益性、科学性、规范化的病虫害诊断与咨询服务的同时，加快了绿色防控技术转化落地。

一、市、区、乡镇三级联网，构建完整推广体系

三级植物健康体系，包括以北京市植物保护站为依托的植物总医院，以各区植保站为区域性中心的二级植物医院，以优秀农民专业合作社、绿控示范基地、专业化统防统治组织等为依托的基层植物诊所。植物总医院为区级植物医院和植物诊所提供技术支撑。目前，北京市已建立1家北京市植物总医院、2家区级医院、83家植物诊所，覆盖全市13个区、137个乡镇、723个村，并已辐射到京津冀地区，服务作物覆盖京郊主要农作物种类，有效解决了农民的病虫害诊断和科学防治难题。

二、规范软、硬件建设，统一标准化管理

植物诊所以"公益、绿色、科学、专业"为服务宗旨，悬挂统一的横幅、背板和宣传展架，配备辅助诊断的桌、椅子、显微镜、电脑、打印机、图书架等硬件设施。至少具备1名经过北京市植保站和CABI（国际应用生物科学中心）联合培训，并获得植物医生资质证书的植物医生。植物医生为种植户提供一对一、面对面的病虫害诊断和绿色防控技术咨询服务，并开具综合防治处方。植物医生每周需安排不少于半天的坐诊时间，远程问诊随时进行，必要时也可安排巡诊。

三、聚集社会力量，开展植保公共服务

为充分发挥社会群体的力量，推广普及绿色防控技术，植物医生广泛吸纳农业生产一线人员，全科农技员，合作社、基地、专业化防治组织技术人员占比达90%。植物医生候选人需完成不少于两个模块、40小时的"植物医生培训"课程，经考核通过后，获得由北京市植保站和英国国际应用生物科学中心（CABI）联合颁发的资质证书后，方可持证上岗。目前全市植物医生达到538人，大大充实了基层农技推广队伍，激发了服务活力。另外，北京市植保站还成立三级植物健康体系专家组，邀请中国农业大学、中国农业科学院、北京市农林科学

院等农业高校、科研机构的专家定期坐诊，为植物诊所提供必要的技术支持。

四、严格处方管理，促进绿控技术转化落地

每个区植保站设立一名"植物诊所处方数据管理员"，进一步严格处方开具的科学性、安全性、经济性要求，提高处方提交的流程性和时效性，严格落实"植物医生填写录入－区数据管理员协调与验证－全市统一抽样验证"的三级数据验证程序。截至2017年11月底，全市83个植物诊所累计为超过13 016个农户提供了公益性植物健康问题诊断与防治咨询，开具"绿色防控大处方"46 640个，其中合格处方42 224个，合格率达到90.53%。服务作物覆盖京郊主要农作物种类，有效解决了农民的病虫害咨询和防治难题。

五、推行品牌活动，保障农产品质量安全

通过植物诊所大力推行"一对一精准诊断"＋"基于处方大数据的区域性提前预防"两项品牌活动。累计为京郊农户提供植物健康问题诊断11 540例，其中疑难问题922例。通过对各地区、各作物病虫害的大数据分析，组织小规模的病虫害防治关键期培训112场次，发放病虫防治明白纸15 000份，有效指导农作物病虫害精准诊断与科学防治，减少商品用药1 900千克，实现增效1 080万元，为化学农药减量使用和农产品质量安全提供了技术保障。

六、运用信息化手段，提升服务水平和效率

2017年，北京市植保站开发应用北京市农药减量使用管理系统，实现了病虫害诊断、开方和农户买药在系统上操作。结合设施蔬菜农药使用减量行动技术示范项目，为全市13 000多名种植户发放了北京市作物健康保障一卡通。植物医生通过扫描作物保障卡上的二维码，电脑上就显示种植户的基本信息，通过问诊作物种类、受害部位、主要症状等信息，借助解剖、显微镜观察等手段，填写问诊记录及诊断结果，开具"绿色防控大处方"。种植户拿着保障卡，到全市指定的农资经营店，即可买到享受补贴的绿色防控产品。

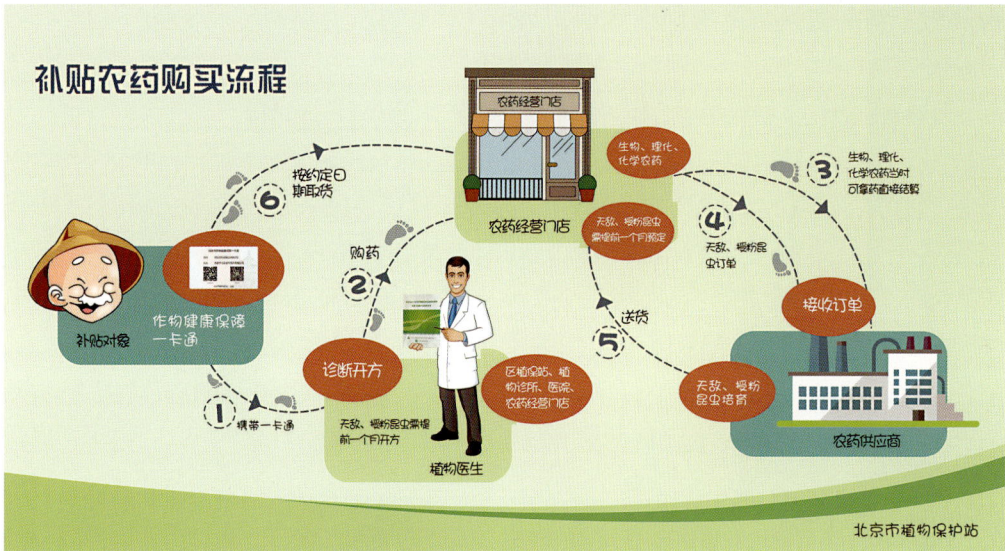

补贴农药购买流程

深化农业社会化综合服务
扎实推动现代农业发展

为探索建立覆盖全程、综合配套、便捷高效的农业社会化综合服务模式，2017年，宁夏回族自治区按照"政策引导、一主多元、资源互补、便民高效"的原则，指导各地建设企业引领型、公益服务型、企业引领和公益服务相结合型的农业技术社会化综合服务站，初步建立起省市县农业社会化综合服务站体系。通过开展技术指导、农资超市、测土配方、统防统治、农机作业、信息服务等"一站式"社会化服务，对提高农业生产效率，降低投入成本，起到了显著的示范带动作用。

一、主要做法

（一）加强政策创设，规范服务站建设

宁夏回族自治区积极做好顶层设计，制定印发了《创新农业社会化服务 发展综合服务组织的意见》，明确提出以种植业领域为主，开展农业技术社会化综合服务站建设试点，提出了建设目标、建设内容、管理制度和采取具体措施，从政策层面加强对农业社会化综合服务的引导和规范。

（二）加大扶持力度，激发服务积极性

整合现代农业产业园建设、绿色高产高效创建、盐碱地农艺改良、测土配方施肥、病虫害统防统治、农机农艺融合示范园区建设等农业项目资金2 800多万元，通过直补、实物租赁、担保、贴息、保险、基金等多种方式，支持农业社会化综合服务站建设。同时，开展星级农业社会化服务站创建，重点对达到二星级、三星级、且稳定为农户提供服务的，以"后补助"方式给予支持。对三星级服务站每个补助30万元，二星级服务站每个补助20万元，发挥政策资金激励功效。

（三）突出融合发展，健全服务体系

按照"身份有别、目标相同"的要求，采取派驻人员、挂职服务、共建载体、购买服务等途径，积极推进公益性农技推广服务体系和经营性服务体系融合发展。服务站依托农技推广单位，聘请120名专家和技术人员开展技术指导；组织自治区"两组一会"和科研院所专家43人驻站"坐诊"开展技术咨询服务，破解服务站技术瓶颈问题。

（四）强化监督考核，保障建设质量

在运行管理机制上，严格"八有"标准，即"服务有合同、作业有标准、人员有培训、

过程有记录、产品有监管、质量有保证、效果有考评、能力有提升"。实行"五制"管理，即服务站主体申报制、服务标准公示制、服务绩效考核制、服务满意度测评制、评星定级推荐制。通过制度建设，综合服务站建设走上了规范化建设轨道。

（五）强化宣传引导，发挥带动作用

利用广播、电视、现场会等方式，积极宣传农业社会化服务的典型经验和成效。组织召开全区农业社会化综合服务站能力提升培训会，观摩农业社会化综合服务站先进典型，制作《宁夏农业社会化综合服务站10大典型》宣传片和画册，带动全区农业社会化综合服务站创建工作不断发展完善。

二、主要成效

2017年，宁夏回族自治区农业社会化综合服务站总数达到80家，其中：规范提升40家、新建40家。通过推广合作式、订单式、托管式、全程式服务，服务面积逐步扩大，节本增效成效明显。2017年服务总面积达到136万亩，水稻实现亩节本增效106元、玉米节本增效83元、蔬菜亩节本增效156元；小麦、水稻机械化率均达到100%，玉米达到78%，马铃薯达到43%；配方施肥应用率达到100%，统防统治率达到50%。

利通区现代农业服务中心

组织召开现场推进培训会

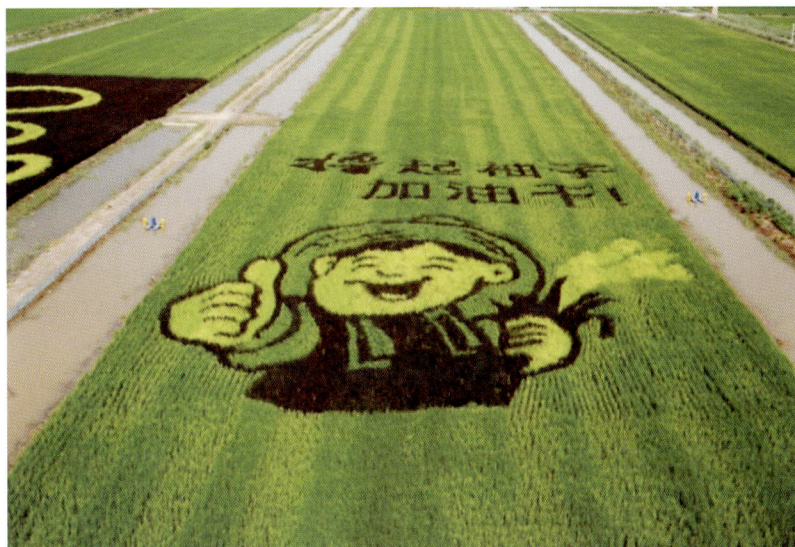

贺兰县常信乡水稻种养结合

深入推进星级服务创建
打造服务"三农"的品牌农技推广机构

2017年，重庆市在总结试点经验的基础上，在全市深入推进乡镇农技推广机构星级服务创建活动，打造出一批机构形象好、班子队伍好、管理运行好、工作业绩好、服务口碑好的品牌农技推广机构，为全面提升基层农技推广服务能力发挥了很好的示范带动作用。目前，全市有五星级推广机构17个、四星级推广机构20个、三星级推广机构137个。主要做法有：

一、明确目标任务

2017年初，重庆市农业委员会印发《基层农技推广机构星级服务创建方案的通知》，明确提出在"十三五"期间，通过在全市乡镇农技推广机构开展星级服务创建工作，促进乡镇农技推广服务部门机构、队伍、条件、制度和服务能力建设，提升基层农技推广服务效能。为此，市农业委员会成立星级服务创建工作领导小组，各区县制定星级服务创建工作方案，南川区、忠县等区县还将星级创建工作纳入对乡镇政府的目标考核。

二、明确创建内容

围绕提升基层农技推广服务效能，积极实施"五创"内容。**一是机构建设**。使用"中国农技推广"标识，机构和人员纳入农业部"基层农技推广体系管理信息系统"实名管理，业务用房能满足履行职责要求，设施设备配套齐全。**二是队伍建设**。合理配置机构人员，编制内人员全部在岗，岗位职责清晰；定期开展知识更新培训，农技人员熟悉农业相关政策、专业知识、推广方法。**三是运行管理**。实行农技人员聘用制、目标责任制、考评激励制等管理制度，农技推广经费有良好保障。**四是职能履行**。制定农技推广规划、年度推广工作计划及农业灾害应急预案，及时进行农情调查、检测、监测，采集报送，有效开展农业技术和相关政策咨询服务。**五是服务效果**。农技人员解答服务对象诉求及时准确，深入实地解决生产实际问题，农技推广服务方式方法高效。

三、推动项目结合

将星级服务创建作为农技推广补助项目实施的六项工作之一，并从补助项目资金中对每个开展创建的机构给予2万元左右的资金支持。将星级服务创建与粮食高产创建、万亩优质粮油示范、农产品质量安全等项目的实施相结合，形成星级服务创建促项目实施，项目实施推动星级服务创建的良好局面。

四、严格开展认定

制定了《重庆市乡镇农技推广机构星级创建认定办法》和《重庆市乡镇农技推广机构星级服务创建认定指标体系》，将创建内容细化量化，实行量化认定。区县农业主管部门认定三星机构，并负责向市农委推荐四星机构认定；市农委认定四星机构，并负责向农业部推荐五星机构认定。评委由农业部门相关领导、专家、人大代表和政协委员等组成，评委人数不低于5人。在认定程序上，分申报、核查认定、公示、发布认定结果四个阶段。

五、建立激励机制

重庆市将创建工作纳入农技推广补助项目绩效考评内容，实行加分考核。相关区县将星级服务认定结果与各乡镇农业服务中心工作经费、项目资金挂钩，与农技人员评优评先、职称评聘等挂钩，部分区县对经认定的星级服务机构给予0.5万~2万元的奖励。通过建立激励机制，星级服务创建已成为重庆市加强对乡镇农技推广机构管理的一种行之有效的重要手段。

推动改革重创新 提升服务激活力

2017年，安徽省太湖县积极开展基层农技推广体系改革创新试点工作，重点在推动农技人员有效服务农业新型经营主体和增值服务合理取酬方面进行探索。其主要做法和成效如下：

一、领导高度重视，夯牢试点基础

太湖县委、县政府高度重视改革成效试点工作，县政府主要负责同志主持召开会议研究制订方案，县委、县政府两办下发《太湖县开展基层农技推广体系改革创新试点工作实施方案》。方案明确提出试点工作的指导思想、基本原则以及具体措施，并要求县组织部、纪委、编办、人社局、财政局、审计局等部门积极配合，明确了政策措施和组织保障，为试点开展打下了扎实基础。

二、细化试点方案，确保切实可行

根据实施方案，县农委制定实施细则。**一是明确服务形式**。农技人员可通过挂职、兼职服务等形式，进驻家庭农场、农民合作社、农业产业化龙头企业开展服务；规定了农技人员在岗创业、离岗创业的范畴、创业方式、创业效率等，为增值服务取得合理报酬提供了政策保障，打消了顾虑。**二是规范工作程序**。经个人申请、单位公示同意、新型经营主体同意接受后报县农委审批，农技人员分别与所在单位、服务对象签订协议报县农委备案，离岗创业人员同时报人社部门备案。**三是制定保障措施**。挂职、兼职人员在原单位待遇不变，其提供增益服务所获收益除用于个人劳务、技术报酬外，作为单位收入用于单位公益事业；离岗创业人员原则上继续在原单位参加社会保险，保留基本工资、医疗保险等待遇，3年内保留人事关系，创业业绩突出，年度考核被确定为优秀档次的，不占原单位考核优秀名额。

三、广泛宣传发动，"三进"稳步推动

县农委多次深入基层调研，分层级召开座谈会，广泛宣传动员。**一是当好"导师"**。为农技人员解读改革试点方案，解除疑难，为其鼓劲。**二是当好"红娘"**。主动对接新型农业经营主体，了解其所想所求，为企业与农业专技人员牵线搭桥，为改革试点提供宽松环境。到目前为止，全县已经有20个农业专业人员到相关农业龙头企业、农民专业合作社和家庭农场，通过挂职、兼职、在岗创业或离岗创业等形式，为企业提供增值服务并获得合理报酬。

四、积极促进双赢，成效初步显现

改革试点工作提高了农技人员工作的积极性和主动性。**一是注重学习**。既要学习党的方针政策，又要学习专业技术知识，还要学习企业管理，否则难以适应工作需要。**二是注重实干**。过去只强调"说"，现在要处处显示动手能力，工作积极主动、有创新，体现自身价值。**三是注重形象**。一改过去散漫的样子，注意穿着得体、讲话文明。

经营主体也在改革中尝到了甜头：**一是谋到了人才**。万秀园公司负责人介绍他们企业外请的博士生"水土不服"，留不住，本地的农技专家，不但留得住，而且熟悉农村工作，善于协调当地各种关系，为他们解决了大难题。**二是节约了成本**。一位企业老总算了一笔账，现在请一个高管，年薪最低10万元，而请一个农技人员一年节约了七八万。**三是创造了效益**。兴牧公司老总介绍说，肉鸡产业随着H7N9流感、畜禽养殖禁养区设立以及国家活禽休市制度的建立，急需实行产业转型升级，挂职人员利用短短3个月时间，就推动企业实现产品质量安全管理工作标准化，解决了发展瓶颈问题。

阔斧改革精准发力
谱写基层农技人员培训新篇章

2017年，云南省坚持问题导向，发力关键环节，综合对症施策，大力开展基层农技人员培训，积极提升基层农技人员整体素质。主要做法是：

一、精准培训理念，提高培训的时代性

云南省围绕农业供给侧结构性改革的方向和要求，紧扣全省农业产业发展的目标和任务，依托20个现代农业产业技术体系，系统开设了水稻、玉米、马铃薯、油菜、甘蔗、蚕桑、茶叶、蔬菜、花卉苗木、水果、橡胶、咖啡、草、生猪、奶牛、肉牛、肉羊、禽蛋、淡水渔业和畜禽粪便资源化利用等20个优势特色产业方面的培训，探索构建了"优势特色产业的新型农技人员培训模式"，有力提升了培训工作的时效性。

二、精准培训学员，提高培训的计划性

拟定全省基层农技人员培训计划，印发《关于做好2017年基层农技人员培训工作的通知》。召开培训工作部署会，组织各培训机构结合实际，根据各自培训场地、培训容量、培训优势等认领培训人数及所承担的培训产业，并主动商请省相应产业技术体系的首席科学家，由各体系根据全省该产业的发展布局和全年培训计划，将培训人数合理分配至各州市。各州市进一步分配培训任务，并组织各项目县自下而上确定本区域各产业、各批次参与培训的基层农技人员名单，并将花名册逐级上报省农业厅，确保整个培训有条不紊，有的放矢。

三、精准培训机构，提高培训的有效性

先后两次组织全省15家培训机构集中座谈，听取历年培训工作的总结和意见建议。通过深入座谈及广泛听取基层农技人员对过往培训反馈的意见建议，省农业厅在原15家省级培训机构中精选了科研教学资源丰富、学习氛围浓郁的云南大学、云南农业大学以及拥有配套成熟、管理精细、学员反映较好的红河州农业科技培训服务中心、临沧市农广校和沪滇农业开发有限责任公司等5家培训机构，具体承办2017年的基层农技人员培训工作。通过引入科研教学单位与社会化服务组织的差异化竞争，有效降低了培训成本，提升了后勤服务水平，为进一步提高基层农技人员培训质量奠定了坚实的组织保障。

四、精准培训师资，提高培训的针对性

为让基层农技人员培训既"接地气"又"架天线"，云南省积极整合省内外农业科技资源，一方面充分发挥省20个现代农业产业技术体系人力资源和产业技术优势，将长期从事该产业研究的副高级以上岗位专家聘为培训的主讲教师，充分发挥其在行业科研、推广、教学等领域集聚的丰富知识及经验，精准匹配需求，着力提升培训效果的针对性、实践性和可操作性。另一方面加强与国内外农业龙头企业及科研院所合作，特聘一批既有扎实理论功底，又有丰富实践经验的知名学者和专家前来授课，打破行业、地域和身份界限，大力开展全方位多元化的有机联合，开拓了学员们的眼界，提升了学员们的境界，让大家学有所成，学有所用。

五、精准培训课程，提高培训的实践性

紧紧围绕当前农业产业发展重点、难点和热点，聚焦基层迫切所需的新品种、新技术和新模式，科学设置培训课程。如云南农业大学专题开设了"互联网＋现代农业""环境友好型肥料与农业可持续发展""畜禽养殖粪便资源化利用技术交流"等紧扣农业现代产业发展需要的课程。临沧市农广校产学对接，重视实践，每期组织学员到茶叶、甘蔗、牧草等相应产业做得较好的企业去学习。通过现场演示、实践操作和考察学习，进一步增强了学员对所从事专业技术知识的理解和认识，提高其推广实践的能力和素质。

六、精准培训管理，提高培训的组织性

一是加强课堂管理。要求各培训机构要明确专人，加强对学员学习、请假、作息、外出等日常事务的管理，探索建立了培训管理、班主任跟班、考核测评等系列制度，确保整个培训规范有序、安全可靠。**二是规范学员档案管理**。每期培训结束后，认真建立包括培训通知、学员手册、学员签到表、课程设置、实训照片、学员满意度测评情况等在内的学员培训档案，加强培训数据库的建立。

七、精准培训效果，提高培训的长效性

云南大学、沪滇公司等通过每期发放"培训问卷调查表"，书面了解农技人员参加培训的收获建议，不断改进培训工作，提升培训成效。云南农业大学则创设学员专题研讨课堂，坚持问题导向，围绕诸如"农技推广服务如何创新，你是如何做的？""请结合工作实际，谈谈您对实施乡村振兴战略的理解""作为一名基层农技推广人员，您在实践工作中是如何为农民提供服务的"等问题，开展主题研讨，促进学习成果的转化提升。

业务培训

邀请国外专家前来合作指导

实施特聘人事代理
提升农技推广服务能力

近年来，河北省玉田县积极组织实施基层农技人员"人事代理"制度，面向社会公开招聘农技推广人事代理人员，较好地弥补了基层农技推广力量的不足，促进了农技推广工作有效开展。

一、创新人员管理，补强推广队伍

对招聘人员实行人事代理，其工资待遇等所需经费纳入财政预算。主要管理模式：**一是执行事业单位工资标准**。对新招聘人事代理人员试用期为一年，执行见习工资，试用期满考核合格后，执行事业单位工作人员工资标准。**二是不纳入正式编制**。按照《玉田县机构编制委员会关于县农牧局下设事业机构和下属事业单位设置的通知》要求，公开招聘的人事代理人员不纳入人员编制内。**三是纳入正常职称评聘**。经与县人社局和相关部门协商，对人事代理人员正常开展专技岗位评聘工作。

二、健全考核机制，激发人员活力

推行县级业务主管部门、乡镇政府和服务对象三方考核机制，实行百分制，分别占考评总分的30%、30%和40%，将农技人员的工作量、进村入户推广技术的实绩以及服务对象的评价作为主要考核指标，考核结果与农技人员工资奖金、职称评聘、评先评优、提拔使用挂钩。几年来，通过落实奖惩激励措施，并将考核结果与绩效奖励、提拔任用相挂钩。人事代理人员中，已提拔使用了22人，其中3人担任一把站长，大大调动了农技人员的工作积极性和主动性，增强了扎根基层、服务基层的事业心、责任感。

三、建立培养机制，提升队伍素质

一是开展分类培训。认真实施基层农技人员分级分类培训计划，组织相关人员参加省市级培训班，同时根据当地农时季节和生产需要，县里有针对性地组织开展业务培训。持续对接农业高校、科研单位，定期聘请河北农业大学、省市农业科学院等专家、教授开展技术讲座和技术培训，嫁接前沿农业新技术，解决生产中的实际问题。**二是围绕产业布局开展专题培训**。紧紧围绕当地农业农村中心工作和农业重大项目，举办大田作物种植、蔬菜栽培、畜牧养殖、农机化作业、植物保护、农产品质量安全、粪污综合利用等专题培训班，强化培训为产业发展服务，提高了培训的针对性。**三是利用各类资源实施培训。**充分发挥1个省级示范基地、3个县级试验示范基地的作用，组织农技人员观摩、学习、现场培训，开展岗位大练兵活动。同时，通过报纸期刊杂志、农业科技专业书籍，强化农技人员岗位知识学习。

四、创新推广方法，提升服务效能

将现代信息技术手段和传统传播方法进行有机结合，采取"五个一"服务方式，破解农技推广"最后一公里"难题。**一个窗口**：在各区域站建立技术服务咨询大厅，为广大农户解疑释惑。**一块专栏**：在各区域综合站设立专栏，将农作物新品种、新技术、新机具、病虫标本、科普读本、工作缩影等以图文并茂的形式展示给农民。**一张简报**：各站将县农业信息中心定期编印的《农业信息简报》，免费发放给区域内科技示范户、种植大户等，实现农业生产信息、实用新技术的快速传递。**一部手机**：积极利用基于移动互联的河北农技推广云平台、农业科技网络书屋、云上智农APP、中国农技推广APP平台等信息化服务手段推广农业技术，实现了农业专家、农技人员和农业生产经营主体之间互联互通，大大提升了农技推广服务效率。**一架投影**：将平常下乡所采集的各种标本和有关农业图片、农业科技知识制作成幻灯片，使用投影仪以图文并茂的形式展示给农民，使他们看得见、听得懂、学得会。

抓好试验示范基地建设
强化农业技术推广

近年来，辽宁省大洼区以农业科技试验示范基地建设为抓手，不断加快农业科技成果转化应用，取得了明显成效。其主要做法是：

一、注重长远规划，持续推动基地建设

大洼区高度重视农业科技试验示范基地建设，始终将其作为基层农技推广补助项目的一项重要内容来抓，做到长远规划，持续建设。**一是在保障试验示范用地上。**区政府先后采取土地划拨、转换等方式帮助解决试验示范用地问题，为建设综合试验示范基地奠定了坚实基础，目前试验示范基地面积已达500亩。**二是在基地建设上。**区政府积极帮助解决基地建设中遇到的矛盾和问题，确保基地按照规划高标准建设。经过几年发展，大洼农技中心试验示范基地从初期建筑面积为60平方米到现在的建筑面积800多平方米。**三是在保障资金投入上。**区政府每年投入60多万元资金，确保基地持续运行。

二、加强科技合作，注重试验示范

大洼区通过加强同其他科研推广部门的合作，不断拓展基地功能。先后与沈阳农业大学、辽宁省水稻研究所、省盐碱地所、省植保站、省土肥站、省推广总站等单位加强技术合作，引进多个专家团队开展新品种试验、技术集成示范推广，搭建了农科教、产学研合作平台。基地设立沈阳农业大学"院士工作站"，承担农业部、省农委、沈阳农业大学、省农业科学院相关项目任务。目前，基地核心区规模96亩，分设农业有害生物预警与控制区、水稻新品种新技术试验示范区、功能性农产品试验示范区、土壤肥料试验区、植物保护区、工厂化育苗区、稻田养蟹区、棚菜示范区、玉米试验区、气象观测场、水稻品种展示室、果树区、培训室等和网虫室等，成为集试验、示范、推广及培训多功能于一体的农业科技试验示范基地。

三、注重作用发挥，不断提升推广效果

大洼区积极依托试验示范基地，每年试验示范水稻新品种50多个，新技术10多项，组织培训观摩30余场次，培训农技人员与农户4 600多人次。通过建立"专家＋技术指导员＋试验基地＋科技示范户＋辐射带动户"推广模式，加快了农业科技成果转化应用，推进了全区粮食增产和农业增收。2016年大洼区水稻平均亩产668千克，比上一年增产30千克，全区增收粮

食2 550万千克，直接增加经济收入7 650万元。同时，化学性信息诱杀技术、生物农药防治技术、测土配方施肥技术、稻田养蟹技术等绿色优质高效技术得到大面积推广应用，节本增效显著。

基地一角

水稻品种展示区

稻蟹生态种养技术示范

农民现场观摩

推行农民田间学校模式
提高农技推广实效

近年来，福建省福鼎市大力推广农民田间学校培训模式，及时把先进实用技术推广到农民手中，受到农民的广泛赞誉，取得了良好的经济和社会效益。2017年，开办农民田间学校15所，固定学员420人，带动农民3 000余人，提升了农民的科学素质和种养水平。

一、领导重视精心组织

为加快推进农民田间学校建设工作，成立以福鼎市农业局局长担任组长的农民田间学校工作领导小组，制订实施方案，组织实施，强化管理和监督检查农民田间学校建设开展情况。同时，加大人力、物力和财力投入，投入资金约10万元，用于新建农民田间学校购买电脑、投影仪、课桌椅等，不断完善各所学校的培训设备设施，为农民田间学校的顺利开展打下坚实的基础。

二、特色办校规范运作

重点围绕水稻、蔬菜、水果、白茶、畜牧等农业主导产业，创办农民田间学校，建立辅导教师工作职责和学员管理等制度。每所农民田间学校从种粮大户、科技示范户和种田能手中遴选30～35名学员，制定培训教学计划。每所农民田间学校配有2名辅导员，由具有一定专业理论知识和技能，又熟悉农业情况的中高级职称专家来担任，通过对收集到的需求和建议进行梳理，结合实际编写通俗易懂、操作性强、具有乡土特色的教材。

三、互动培训创新服务

农民田间学校充分发挥农业科技试验示范基地作用，采取室内理论讲解与田间实践指导相结合，变单纯技术灌输式为现场、互动、启发式的教学模式。通过座谈、小组讨论、现场观摩和实际操作等，启发学员动脑、动口、动手，提高农民自己发现问题、分析问题和解决问题的能力。此外，聘请福建农林大学、福建省农业科学院、浙江省农业科学院的专家教授前来授课，提升培训档次和水平。这种互动办学新模式大大提升了办学质量和培训效果。

田间学校课堂

田间实训

立足产业发展需求
探索政研企"三位一体"农技推广新模式

近年来，广东省东源县立足当地产业发展需求，积极探索将农技推广机构、科研教学单位的技术人才优势和农业企业的示范推广效应有机结合起来，共同构建政研企"三位一体"农技推广新模式。

一、主要做法

（一）围绕优势产业新建研究机构

东源县是国家现代农业示范园区，为进一步提升当地涉农企业的科技实力，让其更好地带动产业发展，广东省农业科学院提出"公司＋研究院＋基地＋农户"的特色农业技术科研推广模式，与相关企业共建了广东蓝莓研究院、广东国柠现代农业研究院等新型研究机构，并与茶叶协会、加工协会等开展技术对接，使技术链和产业链有效衔接，促进产业持续发展。

（二）开展形式多样的科技推广服务

一是在政府主导下，每年举办大型科技下乡活动，送品种、技术、农资到农村。二是建立科研试验示范基地、举办各类产业技术培训班和现场观摩会，提高种养大户的农科知识和种养水平。三是举办院地（企）技术需求对接会，促进成果落地。以多种形式为农户、企业、合作社、新型农业经营主体等提供科技推广服务。

（三）院地合作打造科技推广体系

为构建东源农业科技推广体系，省农业科学院与东源县人民政府签订合作构架协议。共建全省首个县级"农业发展促进中心"。省农业科学院为促进中心派出专家，带项目、带资金、带技术到基层，协助东源县政府整合各类资源，以优势产业为基础，以现有农技推广体系为依托，充分发挥政府主导作用，引导企业、合作社、新型经营主体、专业户等建立产业联盟，打造政府＋科研院＋县推广队伍（企、协会）＋基地＋示范户＋农户的农业科技推广体系。

二、初步成效

（一）完善了基层农技推广体系

"政府＋科研院所＋基层推广人员（企业）＋基地＋农户"的农技推广模式，整合了基层推广队伍、专业户、合作社、企业和科技示范户等资源，基层农业推广体系进一步完善。

（二）提升了科技推广能力

建立科研试验示范推广基地21个，累计推广新品种和新技术200多项，举办科技培训班18场，培训农民2 000多人次、科技示范户300多户，技术推广与辐射带动能力不断增强。

（三）加速了农业产业发展

东源县先后组建了茶叶、蓝莓、柠檬、板栗和农产品加工等产业联盟，积极培育有影响力的品牌，形成以品牌促发展、以发展促产业的新格局。先后培育国家级农业龙头企业2家、省级农业龙头企业9家，打造出省级名牌产品10多个。

拓宽服务领域 探索开展农业技术评价

近年来，为适应农技推广面临的新形势、新任务，不断拓宽农技推广服务领域，创新农技推广机制和方式方法，甘肃省农技推广总站探索开展农业技术评价工作，取得了初步成效。

一、主要做法

（一）坚持客观公正原则

评价专家在提供评价意见的过程中，按照评价技术的客观事实情况进行评审和评议。评价机构和评价专家均站在公正的立场完成评价工作，评价报告和评价意见中的数据分析、技术特点描述、结论等，都以客观事实为依据。

（二）采取独立评价方式

评价活动独立进行，不受其他组织和个人的干预；评价机构独立地从事评价工作，评价专家根据各自判断，独立向评价机构提供咨询意见，不受评价机构、委托方以及其他专家的干预。

（三）科学制定评价指标

采用不同的评价指标加权量化进行定量评分，然后在定量评分结果基础上进行综合评价，保证评价结论的科学性、准确性。

（四）彰显专业性权威性

评价机构根据不同的评价事项，邀请科研、教学、推广等方面的一线专家，成立专家组，由于专家们理论造诣较深，又有丰富的实践经验，保证了评价的专业性；实行回避原则，所邀请的专家不参与成果及产品的研发，对评价的技术或产品无利益关系，坚持实事求是、科学严谨的态度，站在公平公正的立场独自提出专家意见，保证了评价结论的权威性。

二、主要成效

（一）规范了技术评价流程

经过近三年的探索，从咨询申请、受理审查、签订合同、制订方案、组织评价、得出结论、交付报告、报告公布8个方面对整个技术评价流程进行了规范，明确了各个阶段的主要任务。

（二）建立了技术评价指标体系

从技术创新程度，技术的先进性、适用性和安全性，技术创新对推动农业科技进步和提高农产品市场竞争力的作用，取得的经济效益或社会效益6个方面建立了技术评价指标体系。

（三）制定了《甘肃省种植业农业技术评价管理办法（试行）》

为加强技术评价管理，指导市县农技推广部门做好技术评价工作，甘肃省农技推广总站研究制定了《甘肃省种植业农业技术评价管理办法（试行）》。从评价范围和内容、评价原则、评价形式、委托方提交的资料、评价报告等方面进行了明确的规范。

（四）取得了良好的经济、社会、生态效益

2017年，甘肃省农技推广总站两次组织对甘肃谷丰源农化科技有限公司在临泽县北京奥瑞金有限责任公司实施的"制种玉米绿色防控高产技术集成社会化服务"和在会宁县甘肃六合薯业开发有限有限公司实施的"马铃薯绿色防控高产技术集成社会化服务"进行了绩效评价。经专家田间现场测试，玉米制种田平均亩产479.1千克，比同一品种对照亩增产34.44千克；马铃薯制种田亩产鲜薯1 506.5千克，比同一品种对照亩增产151千克类似评价技术（方案、产品）的推广，增加了群众收入，减少了化学农药和化肥的施用量，取得了良好的经济、社会、生态效益。

专家现场测产（马铃薯）

专家现场测产（玉米）

山西中农乐"保姆式"技术服务模式

山西中农乐农业科技有限公司是集果业技术研究、推广、培训、示范和产业基地建设为一体的综合性农业技术服务机构。近年来，该公司积极探索"傻瓜式"技术创新和"保姆式"田间服务，目前线下登记在册果农会员达16万户，主导建立4 362个水果示范园，每年开展技术培训5 000多场，服务果农数十万人次。

一、"傻瓜式"技术创新

针对上了年纪的农民不愿意去学先进技术，技术服务团队做专家的"二传手"，首先把艰涩的学术著作吃透弄懂，把先进经验、技术知识，通过报纸"翻译"成农民能读懂、用得上的"大白话"，并把苹果、桃、梨、杏、葡萄、樱桃等北方各类果树的管理技术要领绘制成彩色挂图，把老师在园里具体的操作刻录成光盘，免费送给果农，受到果农欢迎。

二、"保姆式"落地服务

中农乐通过与乡镇技术站和村级技术员合作，把乡土能人组织起来，把示范园打造起来，让数百个中农乐技术站长和数千个中农乐村级会长、示范园主等"二传手"走进千家万户。果农只要有需求，村里技术员马上解决；村里技术员解决不了，站长解决；站长解决不了，中农乐讲师会第一时间支援，由此形成一个有效的三级技术服务网。

三、"线上+线下"齐发力

中农乐在强化传统服务的同时，全面借助"互联网+"的力量，开始由线下向线上拓展，不断创新服务形式和内容。与中国电信合作，推出专为果农服务的科技互联网服务平台"千乡万村"APP。果农可以免费下载APP，获得个性化服务，还可以申请个人水果商标，在"中农乐"品牌下规范运作，统一进行品牌化市场营销。

山东丰信全程种植技术托管服务模式

近年来，山东丰信农业服务连锁有限公司通过线上"丰信APP、微信端、丰信网、呼叫中心"+总部+县乡村三级服务站点，向农户提供从播种到收获的全程互联网+种植技术托管服务。目前，该公司已在12个省建立县级运营中心105个、乡镇服务体验中心820个、村级服务站点3 560个，累计服务83万余农户。

一、通过种植智能信息化系统，实现标准化服务

该公司综合种植生产中气候、土壤、水质、市场、耕种习惯等诸多因素影响，结合积累的种植数据，构建了包含65项关键指标的"专家+农技+算法"的种植智能信息化系统。系统将移动互联网技术与农技服务进行深度融合，可为农户提供种植技术服务，也可将专家、农技部门的种植技术转化为标准化农事作业流程提醒推送农户，解决标准化种植生产问题。

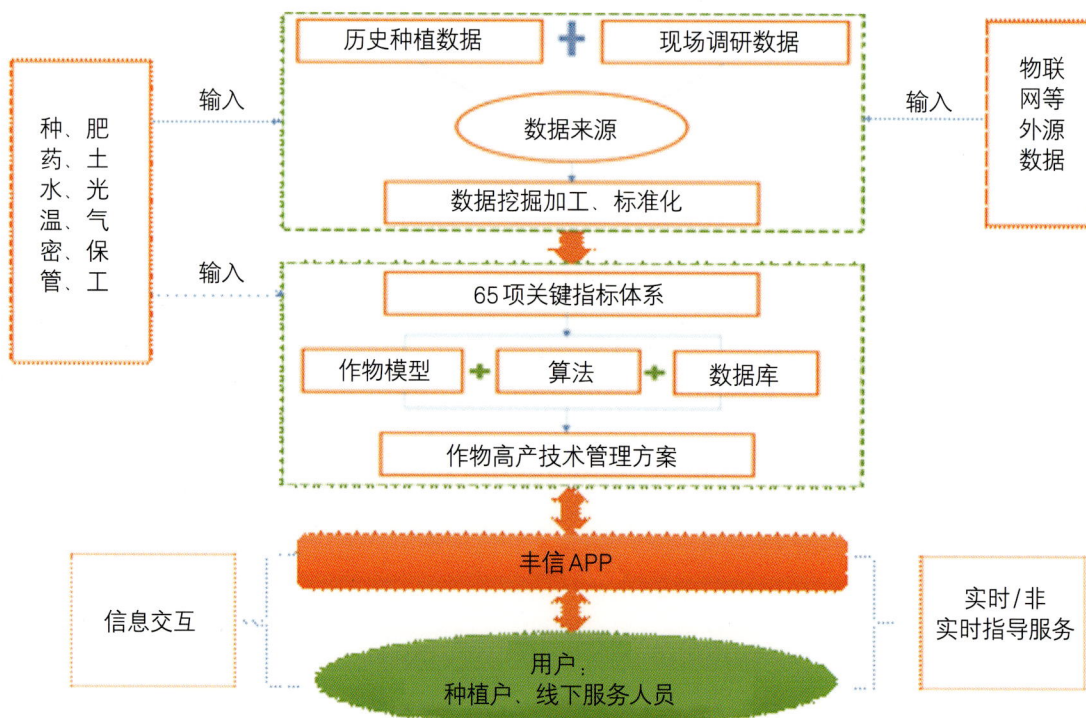

丰信农业服务模式图

二、通过线上种植服务平台，实现服务快速便捷

借助互联网工具，搭建了以"丰信APP+丰信网+呼叫中心+微信服务端"为主体的信息化互动系统。农户可以通过在线申请种植服务，平台自动匹配就近服务队伍开展服务。农户也可将问题进行在线展示，由种植专家在线实时诊断、解答、指导，提供详细的全程种植管理服务。同时，平台还在农事作业关键时节，实时向农户推送天气、病虫害预防、田间管理等农事信息。

丰信APP　　　　丰信网　　　　呼叫中心　　　　丰信微信号

公司线上即时服务系统

三、通过组建线下服务队，实现服务精准入户

公司对有意愿从事农技服务的农民进行培训，组建线下村级服务专员队伍。每个服务专员负责管理5 000～10 000亩耕地，通过在田间地头跟踪服务，观察作物长势、田间管理，及时发现异常情况，向线上专家系统上报，并快速制定应急措施，为农户提供"零距离、零门槛、零时差"种植服务。

指导使用技术产品　　　　田间节点跟踪服务　　　　问题观察数据上传

第五篇

2017年出台的重要政策文件

农业部 国家发展改革委 财政部 关于加快发展农业生产性服务业的 指导意见

（农经发〔2017〕6号）

我国相当长时期内，在各类新型农业经营主体加快发展的同时，以普通农户为主的家庭经营仍是农业的基本经营方式。加快培育各类农业服务组织，大力开展面向广大农户的农业生产性服务，是推进现代农业建设的历史任务。为贯彻中央1号文件和《国务院关于加快发展生产性服务业促进产业结构调整升级的指导意见》（国发〔2014〕26号）精神，加快发展农业生产性服务业，现提出如下意见。

一、重要意义

农业生产性服务是指贯穿农业生产作业链条，直接完成或协助完成农业产前、产中、产后各环节作业的社会化服务。加快发展农业生产性服务业，对于培育农业农村经济新业态，构建现代农业产业体系、生产体系、经营体系具有重要意义。

（一）发展农业生产性服务业是将普通农户引入现代农业发展轨道的重要途径

以承包农户为主的家庭经营适合我国国情农情，具有持久生命力。随着现代农业加快发展和农业劳动力减少、老龄化问题日渐突出，普通农户在生产过程中面临许多新问题，一家一户办不了、办不好、办起来不合算的事越来越多。发展农业生产性服务业，解决普通农户在适应市场、采用新机具新技术等方面的困难，有助于将一家一户小生产融入到农业现代化大生产之中，构建以家庭经营为基础的现代农业生产经营体系。

（二）发展农业生产性服务业是推进多种形式适度规模经营的迫切需要

通过土地流转扩大土地经营规模，是提高农业劳动生产率，实现农业规模经营的一条重要途径。让农户根据自身状况和需求，选择服务组织提供的专业化服务，既满足农户参与生产、从事家庭经营的愿望，又通过统一服务连接千家万户，连片种植、规模饲养，形成服务型规模经营，也是实现农业规模经营的一条重要途径。发展农业生产性服务业，有助于丰富农业规模经营形式，让广大家庭经营农户充分参与和分享规模经营收益。

（三）发展农业生产性服务业是促进农业增效和农民增收的有效手段

农业增效、农民增收是建设现代农业的重要任务。发展农业生产性服务业，通过服务组织集中采购农业生产资料，积极推广标准化生产，充分发挥农业机械装备的作业能力和分工分业专业化服务的效率，有效降低农业物化成本和生产作业成本，提高单位面积产量和农产品品质，有助于实现农业节本增产增效，促进农民增加收入。

（四）发展农业生产性服务业是建设现代农业的重要组成部分

将现代生产要素引入农业是建设现代农业的本质要求。发展农业生产性服务业，通过服务组织以市场化方式将现代生产要素有效导入农业，实现农户生产与现代生产要素的有机结合，成为转变农业发展方式、提升资源要素配置效率的重要途径，增强农业质量效益和竞争力。

二、总体要求

（五）指导思想

全面贯彻党的十八大和十八届三中、四中、五中、六中全会精神，深入贯彻习近平总书记系列重要讲话精神和治国理政新理念新思想新战略，牢固树立新发展理念，以服务农业农民为根本，以推进农业供给侧结构性改革为主线，以培育农业生产性服务战略性产业为目标，大力发展多元化多层次多类型的农业生产性服务，推动多种形式适度规模经营发展，带动更多农户进入现代农业发展轨道，全面推进现代农业建设。

（六）基本原则

坚持市场导向。充分发挥市场配置资源的决定性作用，推动资源要素向生产性服务业优化配置，促进服务供给与服务需求有效对接。政府着力培育、支持、引导服务组织发展，规范市场行为，为农业生产性服务业有序发展创造良好条件。

服务农业农民。聚焦农业生产和农民群众的迫切需要，着力解决农业生产重点领域和关键环节存在的问题，着力解决普通农户依靠自己力量办不了办不好的难题，让农户充分获得农业生产性服务带来的便利和实惠。

创新发展方式。针对不同产业、不同环节、不同主体的特点，因地制宜选择适合本行业、本地区的发展方式。推动信息化和生产性服务业融合发展，把农业生产性服务业作为农村创业创新的重要领域，不断推进业态和模式创新。

注重服务质量。将质量要求贯穿农业生产性服务的全过程，根据市场需求以及生产经营主体的要求，严格服务标准和操作规范，加强服务质量监管，促进农业生产性服务业健康发展。

（七）发展目标

力争通过5年的发展，农业生产性服务业产值占农业总产值比重明显提高，服务市场化、专业化、信息化水平显著提升，基本形成服务结构合理、专业水平较高、服务能力较强、服务行为规范、覆盖全产业链的农业生产性服务业，进一步增强生产性服务业对现代农业的全产业链支撑作用，打造要素集聚、主体多元、机制高效、体系完整的农业农村新业态。

三、积极拓展服务领域

发展农业生产性服务业，要着眼满足普通农户和新型经营主体的生产经营需要，立足服务农业生产产前、产中、产后全过程，充分发挥公益性服务机构的引领带动作用，重点发展农业经营性服务。

（八）农业市场信息服务

围绕农户生产经营决策需要，健全市场信息采集、分析、发布和服务体系，用市场信息引导农户按市场需求调整优化种养结构、合理安排农业生产。定期发布重要农产品价格信息，增强价格信息的及时性和农民的可及性。加强国内外农产品市场供求形势研判，组织专家解读市场热点问题，充分利用各类媒体手段，及时预警市场运行风险，帮助农民识假辨假，防止生产盲目跟风和市场过度炒作。支持服务组织为农户和新型经营主体提供个性化市场信息定制服务，提高服务的精准性、有效性。

（九）农资供应服务

支持服务组织与育繁推一体化种业企业加强合作，在良种研发、展示示范、集中育秧（苗）、标准化供种、用种技术指导等环节向农民和生产者提供全程服务。开发种子供求信息和品种评价、销售网点布局等信息在内的手机客户端，为农民科学选种、正确购种提供服务。支持服务组织开展种子种苗、畜种及水产苗种的保存、运输等物流服务。发展兽药、农药和肥料连锁经营、区域性集中配送等供应模式，方便农民购买。支持服务组织发展青贮饲草料收贮，积极推广优质饲草料收集、精准配方和配送服务。引导服务组织入驻渔港，发展冰、水、油、电等生产补给服务以及冷库、水产品运销等配套服务。

（十）农业绿色生产技术服务

鼓励服务组织开展绿色高效技术服务。支持服务组织开展深翻、深松、秸秆还田等田间作业服务，集成推广绿色高产高效技术模式。指导农户采用测土配方施肥、有机肥替代化肥等减量增效新技术，推进肥料统供统施服务，加快推广喷灌、滴灌、水肥一体化等农业节水技术。大力推广绿色防控产品、高效低风险农药和高效大中型施药机械，以及低容量喷雾、静电喷雾等先进施药技术，推进病虫害统防统治与全程绿色防控有机融合。鼓励动物防疫服务组织、畜禽水产养殖企业、兽药生产企业、动物诊疗机构和相关科研院所等各类主体，积极提供专业化动物疫病防治服务。

（十一）农业废弃物资源化利用服务

鼓励大中城市通过政府购买服务的方式，支持专业服务组织收集处理病死畜禽。在养殖密集区推广分散收集、集中处理利用等模式，推动建立畜禽养殖废弃物收集、转化、利用三级服务网络，探索建立畜禽粪污处理和利用受益者付费机制。加快残膜捡拾、加工机械、残膜分离等技术和装备研发，积极探索生产者责任延伸制度，由地膜生产企业统一供膜、统一回收。推广秸秆青（黄）贮、秸秆膨化、裹包微贮、压块（颗粒）等饲料化技术，采取政府购买服务、政府与社会资本合作等方式，培育一批秸秆收储运社会化服务组织，发展一批生物质供热供汽、颗粒燃料、食用菌等可市场化运行的经营主体，促进秸秆资源循环利用。

（十二）农机作业及维修服务

推进农机服务领域从粮棉油糖作物向特色作物、养殖业生产配套拓展，服务环节从耕种收为主向专业化植保、秸秆处理、产地烘干等农业生产全过程延伸，形成总量适宜、布局合理、经济便捷、专业高效的农机服务新局面。鼓励服务主体利用全国"农机直通车"信息平台提高跨区作业服务效率，加快推广应用基于北斗系统的作业监测、远程调度、维修诊断等大中型农机物联网技术。鼓励开展农机融资（金融）租赁业务。打造区域农机安全应急救援中心和维修中心，以农机合作社维修间和农机企业"三包"服务网点为重点，推动专业维修网点转型升级。在适宜地区支持农机服务主体以及农村集体经济组织等建设集中育秧、集中烘干、农机具存放等设施。在粮棉油糖作物主产区，依托农机服务主体探索建设一批"全程机械化＋综合农事"服务中心，为农户提供"一站式"田间服务。

（十三）农产品初加工服务

支持农产品加工流通企业和服务组织发展储藏、烘干、清选分级、包装等初加工服务，提高商品化处理能力。加强农产品储藏保鲜冷链体系建设，支持常温储藏、机械冷藏、气调储藏、减压储藏等多种储藏保鲜设施集中连片建设。支持服务组织加强储藏保鲜技术培训，鼓励"一库多用"。因地制宜推广热风干燥、微波干燥及联合干燥等技术和设备，加大对燃煤烘干设施节能减排除尘技术的改造力度。在适宜地区鼓励推广高效节能环保的太阳能干燥、热泵干燥技术和装备，建设区域性智能化大型烘干中心。按照离产业园区近、离农产品交易中心近、离交通主干道近、离电源近的原则，支持有条件的地方集成农产品储藏、烘干、清洗、分等分级、包装等初加工设施，建设粮油烘储中心、果菜茶加工中心，提供优质高效的初加工"一条龙"服务。

（十四）农产品营销服务

鼓励农产品批发市场积极提供农产品预选分级、加工配送、包装仓储、信息服务、标准化交易、电子结算、检验检测等服务。完善农产品物流服务，推进农超对接、农社对接，利用农业展会开展多种形式的产销衔接，拓宽农产品流通渠道。积极发展农产品电子商务，鼓励网上购销对接等多种交易方式，促进农产品流通线上线下有机结合。鼓励具有资质的服务组织开展农产品质量安全检验检测，推动农产品质量安全检测结果互认，为生产者和消费者提供准确、快捷的检测服务。推动基层农产品质量安全监管机构提供追溯服务，指导生产经营主体开展主体注册、信息采集、产品赋码、扫码交易、开具食用农产品合格证等业务。

四、大力培育服务组织

（十五）培育多元服务主体

按照主体多元、形式多样、服务专业、竞争充分的原则，加快培育各类服务组织，充分发挥不同服务主体各自的优势和功能。支持农村集体经济组织通过发展农业生产性服务，发挥其统一经营功能；鼓励农民合作社向社员提供各类生产经营服务，发挥其服务成员、引领农民对接市场的纽带作用；引导龙头企业通过基地建设和订单方式为农户提供全程服务，发挥其服务带动作用；支持各类专业服务公司发展，发挥其服务模式成熟、服务机制灵活、服务水平较高的优势。

（十六）推动服务主体联合融合发展

鼓励各类服务组织加强联合合作，推动服务链条横向拓展、纵向延伸，促进各主体多元互动、功能互补、融合发展。引导各类服务主体围绕同一产业或同一产品的生产，以资金、技术、服务等要素为纽带，积极发展服务联合体、服务联盟等新型组织形式，打造一体化的服务组织体系。支持各类服务主体与新型经营主体开展多种形式的合作与联合，建立紧密的利益联结和分享机制，壮大农村一二三产业融合主体。引导各类服务主体积极与高等学校、职业院校、科研院所开展科研和人才合作，鼓励银行、保险、邮政等机构与服务主体深度合作。

五、不断创新服务方式

（十七）推进专项服务与综合服务协调发展

鼓励各类服务组织围绕农业生产产前、产中、产后各环节，提供专业化的专项服务和全方位的综合服务，促进专项服务与综合服务相互补充、协调发展。积极推行专项服务"约定有合同、内容有标准、过程有记录、人员有培训、质量有保证、产品有监管"的服务模式，不断提高专项服务的标准化水平。统筹和整合基层农业服务资源，搭建集农资供应、技术指导、动植物疫病防控、土地流转、农机作业、农产品营销等服务于一体的区域性综合服务平台，集成应用推广先进适用技术和现代物质装备，不断提升综合服务的集约化水平。

（十八）大力推广农业生产托管

农业生产托管是农户等经营主体在不流转土地经营权的条件下，将农业生产中的耕、种、防、收等全部或部分作业环节委托给服务组织完成或协助完成的农业经营方式，是服务型规模经营的主要形式，有广泛的适应性和发展潜力。要总结推广一些地方探索形成的"土地托管""代耕代种""联耕联种""农业共营制"等农业生产托管形式，把发展农业生产托管作为推进农业生产性服务业、带动普通农户发展适度规模经营的主推服务方式，采取政策扶持、典型引领、项目推动等措施，加大支持推进力度。

（十九）探索创新农业技术推广服务机制

发挥农技推广机构在农技推广服务中的主导作用，推动服务功能从农业技术服务向农业公共服务拓展，强化公益性职能履行，加强对市场化农技推广主体的指导和服务。促进公益性农技推广机构与经营性服务组织融合发展，鼓励基层农技推广机构通过派驻人员、挂职帮扶、共建载体、联合办公等方式，为新型经营主体和服务主体提供全程化、精准化和个性化的指导服务。探索农技人员在履行好岗位职责的前提下，通过提供增值服务获取合理报酬的新机制。健全农技推广绩效考评机制，加强对农技推广机构职责履行情况和公共服务质量效果的考评，建立实际贡献与收入分配相匹配的激励机制。构建农技推广机构、科研教学单位、市场化主体、乡土人才、返乡下乡人员等广泛参与、分工协作的农技推广服务联盟，实现农业技术成果组装集成、试验示范和推广应用的无缝链接。支持有资质的市场化主体从事可量化、易监管的公益性农技推广服务。

六、加强指导服务

（二十）健全工作推进机制

各有关部门要充分认识发展农业生产性服务业的重要性、紧迫性，将其作为带动普通农户和新型经营主体建设现代农业的有效举措，作为推进农村创业创新的重要领域，摆上重要工作日程，抓紧制定符合本地实际的实施意见和具体措施，强化工作督导和调研。要明确指导农业生产性服务业的工作牵头部门，加强部门间的沟通协作，落实职责分工，强化工作考核，形成协同推进的工作机制。要深入开展重大问题研究，及时总结宣传和推广好经验好做法，分行业分领域树立一批典型，营造农业生产性服务业发展的良好氛围。

（二十一）建设公共服务平台

搭建统一高效、互联互通的信息服务平台，加快建设和汇集各类农业重要基础性信息系统，为农户和生产主体提供农产品生产状况、市场供求走势、资源环境变化、动植物疫病防控、产品质量安全以及服务组织资信等信息服务。全面实施信息进村入户工程，鼓励和支持各类服务组织积极参与益农信息社建设，共用共享农村各类经营网点资源，就近为农民和新型经营主体提供公益服务、便民服务、电子商务和培训体验等服务。推动"互联网＋政务服务"向乡村延伸，实现涉农服务事项"进一个门、办样样事"。

（二十二）引导服务规范发展

要结合深化"放管服"改革，该放给市场的要放给市场，培育服务市场、扶持服务主体、规范服务行为，不断优化工作指导和服务。建立健全农业生产性服务业标准体系，针对不同行业、不同品种、不同服务环节，制定服务标准和操作规范，加强服务过程监督管理，引导服务主体严格履行服务合同。建立服务质量和绩效评价机制，有效维护服务主体和服务对象的合法权益。建立农业服务领域信用记录，纳入全国信用信息共享平台。对农业服务领域严重违法失信主体，按照有关规定实施联合惩戒。

（二十三）加大政策落实力度

落实农业生产性服务业相关优惠政策，通过财政扶持、信贷支持、税费减免等措施，大力支持各类服务组织发展。进一步加大高标准农田等基础设施建设投入力度，鼓励各地加强集中育秧、粮食烘干、农机作业、预冷储藏等配套服务设施建设，扩大对农业物联网、大数据等信息化设施建设的投资。鼓励各地通过政府购买服务、以奖代补、先服务后补助等方式，支持服务组织承担农业生产性服务。充分发挥全国农业信贷担保体系的作用，着力解决农资、农机、农技等社会化服务融资难、融资贵的问题。积极推动厂房、生产大棚、渔船、大型农机具、农田水利设施产权抵押贷款和生产订单、农业保单融资。鼓励各地推广农房、农机具、设施农业、渔业、制种保险等业务，有条件的地方可以给予保费补贴。支持易灾地区建设饲草料储备设施，提高饲草料利用效率。落实农机服务税费优惠政策和有关设施农业用地政策，加快解决农机合作社的农机库棚、维修间、烘干间"用地难"问题。各地要从当地实际出发，制定出台配套扶持政策，加强督促检查，推动政策落实，真正发挥政策引导和扶持作用。

农业部 教育部关于深入推进高等院校和农业科研单位开展农业技术推广服务的意见

(农科教发〔2017〕13号)

高等院校和农业科研单位（以下简称"农业科研院校"）开展农业技术推广服务，是法律赋予的重要职责。长期以来，农业科研院校发挥科技和人才优势，开展农业技术推广服务，为促进农业稳定发展、农民持续增收作出了重大贡献。新时代实施乡村振兴战略，加快推进农业农村现代化，关键要依靠农业科技进步，这对农业科研院校支持服务"三农"提出了新要求。为深入推进农业科研院校开展农业技术推广服务，加强农科教协同，现提出以下意见。

一、明确总体要求

（一）指导思想

以习近平新时代中国特色社会主义思想为指导，以实施乡村振兴战略为总抓手，以农业供给侧结构性改革为主线，创新体制机制，完善扶持政策，推动科技人员投身"三农"工作主战场，强化农业科技成果转化，优化农业技术推广服务，加强农业农村人才培育，为促进农业产业兴旺、农村生态宜居、农民生活富裕提供强有力的科技支撑和人才保障。

（二）基本原则

坚持问题导向。针对当前农业农村发展中技术、人才、服务供给不平衡、不充分等突出问题，推动农业科研院校立足各地产业发展实际和农民现实需求，加强农业农村重大共性关键技术的研究、熟化和推广应用，补齐现代农业发展短板。

坚持协同联动。建立农业、教育等部门协同工作机制，加强顶层设计，引导农业科研院校与农业技术推广机构、农民合作组织、涉农企业等紧密衔接，整合资源，优势互补，形成横向联动、纵向贯通、多方协同的农业技术推广服务新格局。

坚持机制创新。推动农业科研院校建立有利于农业技术推广人才发展的管理、评价、流动、激励机制，创新农业技术推广服务新模式，促进人才、技术等创新要素向农业主战场流动，建立农业科技创新、转化、推广有效衔接的体制机制。

二、突出重点任务

（三）大力培养农业农村人才

引导农业科研院校多渠道、多形式开展农业技术推广等农业农村人才教育培训。农业科研院校根据现代农业发展需求，建立一支懂农业、爱农村、爱农民的农业技术推广专家队伍。高等院校要完善专业设置，优化专业课程，强化实践教学，培养一批农业技术推广人才；积极推广定向培养、定向就业的农业技术推广人才培养和办学模式。支持农业科研院校适度扩大农业硕士专业学位研究生招生比例与规模。支持和鼓励农业科研院校对农业技术人员、新型职业农民、新型农业经营主体负责人、农村实用人才等开展常态化的培训。

（四）加强农业技术集成和成果转化

支持农业科研院校围绕农业产业发展需求选题立项，研发新品种，集成新技术，探索新模式，形成一批先进适用农业科技成果，联合农业技术推广机构、新型农业经营主体等开展示范展示。支持农业科研院校建立技术转移中心、成果孵化平台、创新创业基地等，参与农业技术推广体系建设，促进农业科研成果和实用技术快速转化应用。

（五）加强农业科技试验示范基地建设

支持农业科研院校采取校（院）地、校（院）企共建等多种形式，在粮食生产功能区、重要农产品生产保护区、特色农产品优势区和各类园区，建设一批农业应用技术研发基地、产业科研试验站、区域示范基地，形成校（院）地（企）合作研发、合作推广、合作育人的长效机制。支持高校新农村发展研究院发展，建设一批集科研试验、技术示范与推广、人才培养于一体的综合示范基地、特色产业基地和分布式服务站。

三、创新运行机制

（六）强化农业技术推广服务职责

农业科研院校设置一定比例的农业技术推广岗位，鼓励各类科技人员开展农业技术推广服务，并在专业技术职务任职资格评审、年度考核等方面把农业技术推广服务业绩作为社会服务绩效考核内容。建立健全从事农业技术推广服务人员的在岗兼职、离岗创业、返岗任职制度。探索建立农业技术推广服务流动岗，支持农业科研教学人员在企事业单位和涉农经济组织以兼职、合作、交流等形式合理流动。支持农业科研院校开展农业技术推广服务的科技人员通过技术承包、技术入股等增值服务合理取酬。

（七）完善评价考核机制

农业科研院校根据农业技术推广工作性质，设置相应的评价体系，以农业技术推广服务质量和成效为评价导向，充分调动科研人员参与农业技术推广服务的积极性。完善专业技术职务评聘办法，对开展农业技术推广服务的科技人员，突出农业技术推广服务工作业绩，鼓励把论文写在大地上、把成果送进千万家；评审委员会中从事农业技术推广工作的专家应占一定比例。建立分类考核机制，以开展农业技术推广服务业绩为主要依据，参考服务区域农业主管部门和服务主体的评价意见。

（八）创新服务方式

围绕地方主导产业和农业科研院校的优势学科，推进农业科研院校间、校地（企）、院地（企）等多种形式的合作，探索建立农业技术推广联盟。大力探索"科研试验基地—区域示范基地—基层农业技术推广站点—新型农业经营主体"的"两地一站一体"链条式推广模式。建立健全专家教授驻村、驻企等对口联系服务制度，建设专家大院、院士工作站、教授工作站、博士后工作站、学生实践基地等，鼓励科研人员在生产一线开展科学研究和技术服务。充分利用大数据、云平台、移动互联等现代信息技术，探索"互联网+"条件下农业技术推广服务的新手段，实现服务精准化、便捷化和高效化。

四、强化保障措施

（九）加强组织领导

农业部、教育部等部门成立农业科研院校开展农业技术推广服务工作协调小组，推进有关重大政策措施落实，支持建立一批农科教协同推广中心。各省级农业、教育等部门成立协调小组，推进重大事项的研究决策，指导农业科研院校会同农业技术推广机构等协同开展农业技术服务。农业科研院校要成立农业技术推广服务领导小组，健全工作机制，完善规章制度。

（十）加强政策扶持

支持农业科研院校参与国家农业科技创新联盟、区域农业产业科技创新中心建设，支持农业科研院校承担农业技术推广项目。鼓励农业科研院校在基本科研业务经费和本单位资助的科技项目中设立农业技术推广及其能力建设项目。各省（区、市）要加强政策创设，探索设立农业科研院校农业技术推广专项。

（十一）加强督导考评

各级农业、教育部门要加强工作督导，推动农业科研院校落实开展农业技术推广工作的政策措施；建立考核评价体系，将农业科研院校开展农业技术推广工作绩效作为支持农业科研院校建设和评价高等院校社会服务的重要依据。

（十二）加强典型引路

及时总结宣传农业科研院校开展农业技术推广服务的好做法好经验，发挥典型的示范带动作用。2018年选择部分农业科研院校开展农业技术推广服务试点，探索并逐步完善"两地一站一体"链条式农业技术推广服务模式，力争取得可复制、可推广的经验。

农业部办公厅关于做好2017年基层农技推广体系改革与建设有关工作的通知

(农办科〔2017〕28号)

各省、自治区、直辖市及有关计划单列市农业（农牧、农村经济）、农机、畜牧、渔业厅（局、委、办），黑龙江省农垦总局，广东省农垦总局：

2017年，中央财政通过农业生产发展资金继续对基层农技推广体系改革与建设给予支持。根据《农业部 财政部关于做好2017年农业生产发展等项目实施工作的通知》（农财发〔2017〕11号）有关要求，现就做好基层农技推广体系改革与建设工作通知如下。

一、总体要求

全面贯彻落实中央1号文件、《政府工作报告》和全国农业工作会议等的部署和要求，以支撑农业供给侧结构性改革为中心任务，以提高农技推广服务供给质量效率为主攻方向，以新型农业经营主体为重点服务对象，以深化改革为动力，创新农技推广体制机制、精心打造示范服务平台，大力推广绿色高效适用技术，加快培育精干高效队伍，切实发挥科技对农业增效、农民增收和农产品竞争力增强的支撑推动作用。

二、主要目标

2017年基层农技推广体系改革与建设的主要目标是：

（一）基层农技推广服务水平明显提高，农业科技示范主体抽样满意度超过95%，农业技术推广公共服务对象抽样满意度超过70%。

（二）符合绿色增产、资源节约、生态环保、质量安全要求的先进适用技术实现广泛应用，全国农业主推技术到位率超过95%。

（三）农业科技示范服务平台基本健全，每个农业县建设2个以上长期稳定的农业科技试验示范基地，每个基地试验示范3项以上先进适用技术模式，开展4次以上观摩培训活动；基层农技人员通过信息化手段，开展农技推广服务的比例超过70%。

（四）服务到位、支撑有力的基层农技推广机构普遍建立，全额拨款机构占比超过95%。基层农技人员在岗率超过90%。超过1/3的基层农技人员接受连续5天以上的脱产业务培训，基层农技人员进村入户开展技术指导服务时间超过100个工作日。

三、重点任务

围绕总体要求和主要目标，2017年基层农技推广体系改革与建设重点任务是：

（一）推进基层农技推广体系改革创新

促进基层农技推广机构有效履职，发挥在公益性农技推广服务中的主导地位，加强对市场化主体的引导、服务和必要的监管。通过购买服务等方式，支持引导市场化主体参与农技推广服务。支持浙江、安徽、江西等省开展基层农技推广体系改革创新试点，探索农技人员通过提供技术增值服务获取合理报酬的新机制，加强绩效考评的新举措，强化队伍能力建设的新模式。

（二）建设运行高效的示范服务载体

围绕优势农产品和特色产业发展需求，建设长期稳定的农业科技试验示范基地，示范展示农业重大品种、关键技术和种养模式等。规范基地运行管理，统一竖立"全国农技推广试验示范基地"标牌，加强考核验收。遴选能力较强、乐于助人的新型农业经营主体带头人、种养大户等作为农业科技示范主体，通过精准指导服务、组织交流观摩等措施，提高其自我发展能力和辐射带动能力。应用现代信息技术，开发便捷高效的农技推广服务信息化平台，实现任务安排网络化、推广服务信息化、工作考核电子化。

（三）加强绿色高效技术推广服务

围绕粮经饲统筹、农牧渔结合、种养加一体、一二三产业融合和农业面源污染治理等重点工作，根据农业部发布的年度农业主推技术、地方农业主导产业发展要求和农业生产经营者的技术需求，遴选确定一批符合绿色增产、资源节约、生态环保、质量安全要求的年度农业主推技术，形成当地技术操作规范，落实到试验示范基地、农技人员和示范主体，促进先进适用技术快速进村、入户、到田。及时发布苗情、墒情、病虫害发生等农业公共信息，制定防灾减灾和灾后恢复生产技术方案并组织实施。

（四）加强高素质农技推广队伍建设

选拔学历水平和专业技能符合岗位职责要求的人员进入基层农技推广队伍。建立分级分类培训机制，采取异地研修、集中办班、现场实训、网络培训等方式，加强基层农技人员知识技能培训。支持基层农技推广队伍中非专业和低学历人员，通过脱产进修、在职研修等方式进行学历提升教育。支持地方实施农技服务特聘计划，通过政府购买服务等支持方式，从新毕业大学生、乡土专家、种养大户、新型农业经营主体技术骨干、一线农业科研人员中遴选一批特聘农技员，从事公益性农技推广服务。

（五）建立农科教产学研一体化农技推广联盟

围绕地方农业主导产业需求，广泛集聚农业科技资源，构建基层农技推广机构、科研教学单位、市场化服务组织、农业乡土人才等广泛参与、分工协作、充满活力的农科教产学研一体化农技推广联盟，实现农业技术成果组装集成、试验示范和推广应用的无缝链接，提升农技服务效能，促进产业提质增效。

四、加大绩效考评力度

运用科学规范的评价方法，客观公正地对2017年各省基层农技推广体系改革与建设情况进行绩效考评，严格奖惩措施，确保目标任务有效落实。

（一）完善绩效考评体系

依据下达各省的任务清单和绩效目标，以农技推广服务工作量、服务对象满意度、支撑主导产业发展成效等为主要考核标准，制定《2017年基层农技推广体系改革与建设工作绩效考评指标体系》（见附件），继续将基层农技推广体系改革与建设工作列入农业部2017年专项工作延伸绩效管理实施范围，继续将粮食主推技术到位率作为2017年粮食安全省长责任制考核重要内容。

（二）创新考评方式方法

通过定量考评与定性考评相结合、线下考评与线上考评相结合、平时考评与年度考评相结合、全面督查与抽样检查相结合等方式，对各省2017年基层农技推广体系改革与建设任务完成情况进行全程管理和考评。科学制定考评方案，继续委托第三方机构对各省开展绩效考评，加大现场考评力度，增加现场考评评分在考评总成绩中的权重。

（三）加强考评结果应用

建立以结果为导向的激励约束机制，通过以评促建、以评促改，增强各级农业部门和农技推广单位的责任感，提高工作积极性。各省考评结果与下年度任务安排、资金测算等紧密挂钩，进一步加大实施绩效所占权重。对各省2017年基层农技推广体系改革与建设任务完成和实施成效进行优、良、中、差等四类定性评价，对评价优秀省份给予通报表扬；对评价较差省份提出整改建议，限期予以改进。

五、加强组织领导

各省农业部门要紧紧围绕2017年基层农技推广体系改革与建设的工作部署和重点任务，加强组织领导，细化工作安排，狠抓任务落实。种植、畜牧、渔业、农机等分设在不同部门的省份，要加强农业系统内部统筹协调，明确各自职责任务，形成工作合力，发挥最大效能。要加强总结宣传，充分挖掘成功经验和典型模式，扩大影响成效，为基层农技推广体系改革与建设营造更为良好的发展环境。

在贫困地区开展农技推广服务特聘
计划试点实施方案

根据中央脱贫攻坚的决策部署和习近平总书记关于产业扶贫的重要指示，为增强基层农技推广服务供给能力，解决贫困地区产业扶贫工作中科技支撑和人才保障不足等问题，特制定贫困地区农技推广服务特聘计划试点实施方案。

一、实施背景

产业是贫困农户脱贫增收的主要依托。习近平总书记强调，发展产业是实现脱贫的根本之策，要因地制宜，把培育产业作为推动脱贫攻坚的根本出路。李克强总理强调，要更有效实施产业扶贫，发展特色产业，创造有利于"造血式"扶贫的大环境。按照中央的部署要求，广大贫困地区大力推进产业扶贫，强化科技人才支撑，取得了初步的进展和成效。但是，多数贫困地区产业扶贫科技服务跟不上、农民生产技能水平低、市场信息渠道不畅通等问题仍然存在，制约了产业扶贫工作的深入推进，影响了产业扶贫工作的实际成效。为深入贯彻中央脱贫攻坚决策部署，加快推进贫困地区产业扶贫工作，迫切需要创新基层农技推广服务机制，拓展用人渠道，补充能够精准服务贫困农户、解决生产技术难题、带领贫困农户开拓市场的农技推广服务力量，为深入推进产业扶贫工作提供强有力的科技支撑和人才保障。

二、总体思路

按照中央脱贫攻坚的部署要求，结合贫困地区发展特色优势扶贫产业的工作实际，拟选择有一定工作基础、当地有迫切需求、特色产业发展潜力较大的贫困地区开展农技推广服务特聘计划试点。通过政府购买服务等支持方式，从新毕业大学生、农业乡土专家、种养能手、新型农业经营主体技术骨干、科研教学单位一线服务人员中招募一批特聘农技员，帮助贫困农户科学发展特色产业，开展技术指导服务，宣传脱贫攻坚政策，激发贫困地区脱贫致富的内在活力，支撑试点地区走出一条贫困人口参与度高、特色产业竞争力强、贫困农户增收可持续的产业扶贫路径。

三、试点市县

拟在河北省张家口市、湖北省恩施州、湖南省湘西州、四川省凉山州、四川省甘孜州、四川省阿坝州、陕西省延安市等7个贫困地区开展农技推广服务特聘计划试点。原则上每个地区选择不少于3个贫困县开展试点。

四、特聘农技员岗位任务

特聘农技员按照发展特色优势产业、带动贫困农户精准脱贫等要求开展农技推广服务，为产业扶贫提供有力支撑。

（一）帮助贫困农户发展特色产业

联系有关专家，配合当地基层干部，协调新型经营主体带头人，指导脱贫致富带头人和贫困农户科学发展特色产业。

（二）开展农业技术指导服务

对接农业科研教学单位，为贫困农户提供技术指导，开展咨询服务，解决产业发展技术难题。展示示范先进适用技术，对贫困户进行技能培训，提高其科学种养水平。

（三）宣传脱贫攻坚政策措施

宣讲脱贫攻坚、产业扶贫等强农惠农富农政策，让扶贫攻坚政策措施家喻户晓、深入人心。

五、特聘农技员招募与管理

（一）特聘农技员招募

试点县根据本地资源禀赋、产业基础和农技推广工作需要等，合理确定特聘农技员数量，原则上每个县5～10名。按照发布需求、个人申请、技能考核、研究公示、确定人选、签订服务协议等程序，开展特聘农技员招募工作。特聘农技员应具有丰富的农业生产实践经验、较高的技术专长和科技素质，热爱农业农村工作，责任心、服务意识和协调能力较强，在当地有较好的群众基础和影响力。

（二）特聘农技员管理

试点县农业行政主管部门是农技推广服务特聘计划的实施主体，负责特聘农技员的招募、使用、管理和考核。以服务对象的满意率、解决产业发展实际问题等为主要考核指标，采取量化打分和实地测评相结合的方式，对特聘农技员进行考核。特聘农技员签订服务协议，协议期限原则1年，择优续聘。

六、进度安排

自2017年起，用3年左右时间开展农技推广服务特聘计划试点。试点县根据中央有关决策部署和农业部有关要求，制定实施方案，经省级农业部门审核后报农业部备案。每年年底，实施省份将农技推广服务特聘试点工作总结等报送农业部。

七、保障措施

（一）加强组织领导，统筹推进落实

农业部、承担试点任务的省、市（州）、县级农业行政主管部门分别牵头，会同有关部门建立农技推广服务特聘计划试点领导协调机制，加强对试点的组织、指导和监督，妥善解决试点中遇到的困难与问题。试点县农业行政主管部门要积极争取地方政府的支持，加强沟通协调，落实工作责任，形成工作合力，确保试点工作顺利开展，取得良好成效。

（二）强化经费保障，完善扶持政策

试点县农业部门可统筹利用基层农技推广体系改革与建设资金，对特聘农技员给予补助。特聘农技员具体补助标准由试点县结合特聘农技员工作任务、工作量等研究确定。试点县要积极创造条件，鼓励支持特聘农技员干事创业，在评聘专业技术职称、申报科技项目、评奖评优等方面，保障特聘农技员与当地在编农技人员享有同等权利。

（三）总结经验成效，加大宣传力度

及时总结农技推广服务特聘计划试点中好的做法和经验，形成一批可复制可推广的经验做法。利用广播、电视、报刊、网络等媒体，大力宣传优秀特聘农技员的先进事迹，营造支持特聘农技员服务基层、创业富民的良好氛围。

江苏省实施
《中华人民共和国农业技术推广法》办法

(2017年1月18日江苏省第十二届人民代表大会常务委员会
第二十八次会议修订通过)

第一章　总　　则

第一条　为了贯彻实施《中华人民共和国农业技术推广法》，加强农业技术推广工作，优化农业结构，推进农业现代化进程，制定本办法。

第二条　在本省行政区域内从事农业技术推广活动适用本办法。

第三条　农业技术是指应用于种植业、林业、畜牧业、渔业的科研成果和实用技术，包括：

（一）良种繁育、栽培、肥料施用和养殖技术；

（二）植物病虫害、动物疫病和其他有害生物防治技术；

（三）农产品收获、加工、包装、贮藏、运输技术；

（四）农业投入品安全使用、农产品质量安全技术；

（五）农田水利、农村供排水、种养环境整治与修复、土壤改良与水土保持技术；

（六）农业机械化、农用航空、农业气象和农业信息技术；

（七）农业防灾减灾、农业资源与农业生态安全和农村能源开发利用技术；

（八）农业废弃物综合利用技术；

（九）其他农业技术。

农业技术推广是指通过试验、示范、培训、指导以及咨询服务等，把农业技术普及应用于农业产前、产中、产后全过程的活动。

第四条　农业技术推广应当坚持因地制宜、开发创新和谁推广谁负责，发挥农业劳动者和农业生产经营组织的积极性，有利于农业、农村经济可持续发展，保障农业增效、农民增收、生态安全。

第五条　地方各级人民政府应当加强对农业技术推广工作的领导，健全农业技术推广体系，加强基础设施和队伍建设，完善经费保障机制，提高农业技术推广服务水平，促进农业技术推广事业的发展。

第六条　县级以上地方人民政府农业、林业、畜牧业、渔业、农机、水利等部门（以下统称农业技术推广部门）在同级人民政府的领导下，按照各自职责，负责本行政区域内有关的农业技术推广工作。

县级以上地方人民政府科学技术部门对农业技术推广工作进行指导，其他有关部门按照各自职责做好农业技术推广的有关工作。

第二章 农业技术推广体系

第七条 农业技术推广，实行国家农业技术推广机构与农业科研单位、有关学校、农民专业合作社、涉农企业、群众性科技组织、农民技术人员等相结合的推广体系，坚持公益性推广与经营性推广相结合。

第八条 国家农业技术推广机构是指省、设区的市、县（市、区）、乡镇（街道）为推广种植业、林业、畜牧业、渔业、农机、水利等技术而设立的从事公益服务的事业单位。

国家农业技术推广机构应当逐步实行综合设置。

第九条 根据县域农业特色、森林资源、水系和水利设施分布等情况，因地制宜设置县（市、区）、乡镇（街道）或者区域性的国家农业技术推广机构。

乡镇（街道）的国家农业技术推广机构，可以实行县级人民政府农业技术推广部门管理为主或者乡镇人民政府（街道办事处）管理为主、县级人民政府农业技术推广部门业务指导的体制。

第十条 地方各级国家农业技术推广机构除应当履行《中华人民共和国农业技术推广法》规定的公益性职责外，还应当做好下列工作：

（一）组织推广农业废弃物综合利用、病死的畜禽和水生动物的无害化处理技术；

（二）指导农业技术服务站点、农业社会化服务组织和农民技术人员开展农业技术推广活动；

（三）参与培育新型职业农民、新型农业经营主体和新型农业服务主体；

（四）搜集、整理、传播农业技术信息。

地方各级国家农业技术推广机构不得从事经营性农业技术推广工作。

第十一条 地方各级国家农业技术推广机构的人员编制应当根据所服务区域的农业特色、种养规模、服务范围和工作任务等合理确定并配齐，任何单位不得挤占，保证其公益性职责的履行。

第十二条 省、设区的市、县（市、区）的国家农业技术推广机构的岗位设置应当以专业技术岗位为主。

乡镇（街道）的国家农业技术推广机构的岗位应当全部为专业技术岗位。专业技术岗位不得安排非专业技术人员。

第十三条 地方各级国家农业技术推广机构的专业技术人员应当具有相应的专业技术水平，符合岗位职责要求。

除国家另有规定外，地方各级国家农业技术推广机构新聘用人员应当面向社会公开招聘。招聘的专业技术人员应当具有有关专业大专以上学历。

第十四条 县级以上地方人民政府应当制定激励政策，通过定向委培等方式，充实和加强基层农业技术推广队伍。

鼓励农业科研单位和有关学校培养农业技术推广人才。鼓励和支持高等学校毕业生到基层从事农业技术推广工作。

第十五条 地方各级国家农业技术推广机构的专业技术人员应当履行下列职责：

（一）宣传贯彻农业技术推广的法律、法规、政策；

（二）承担和完成农业技术推广项目；

（三）开展试验示范，组织技术培训，普及科技知识；

（四）提供技术咨询和信息服务；

（五）了解农业技术推广成效和生产经营情况，反映存在问题，提出建议；

（六）法律、法规规定的其他职责。

第十六条　因地制宜加强村农业技术服务站点建设，培育农民技术人员。

地方各级人民政府可以通过政府购买服务、给予补助等方式，鼓励和支持村农业技术服务站点和农民技术人员开展农业技术推广。

村农业技术服务站点和农民技术人员在国家农业技术推广机构的指导下，宣传农业技术知识，落实农业技术推广措施，为农业劳动者和农业生产经营组织提供农业技术服务。

第十七条　鼓励和引导科技人员到基层从事农业技术推广工作。

农业科研单位和有关学校应当适应农村经济建设发展的需要，开展农业技术开发和推广工作，加快先进技术在农业生产中的普及应用。

农业科研单位和有关学校应当设立农业技术推广岗位，将科技人员从事农业技术推广工作的实绩作为工作考核和职称评定的重要内容。

第十八条　鼓励和支持农场、林场、牧场、渔场、水利工程管理单位和供销合作社、群众性科技组织等企业事业单位、社会组织，直接面向农业劳动者和农业生产经营组织开展农业技术推广服务。

鼓励和支持农民专业合作社负责人、种养大户、家庭农场负责人、农机专业户等创办各类农业专业化服务组织，发挥其在农业技术推广中的作用。

第三章　农业技术的推广与应用

第十九条　县级以上地方人民政府农业技术推广部门应当制定重大农业技术推广计划。重大农业技术的推广应当列入地方各级人民政府经济社会、农业农村、科学技术发展规划与计划，确定重大农业技术推广项目，由农业技术推广部门会同科学技术等相关部门组织实施。

地方各级国家农业技术推广机构应当根据有关农业技术推广的规划与计划制定年度农业技术推广方案，实施农业技术推广项目，并做好推广评价工作。

第二十条　农业科研单位和有关学校应当把农业重大科技需求列为重点研究课题，其科研成果可以通过有关农业技术推广单位进行推广或者直接向农业劳动者和农业生产经营组织推广。

农业科研单位和有关学校开展公益性农业技术推广服务的，地方各级人民政府和有关部门应当给予支持，提供必要的条件，维护其合法权益。

第二十一条　向农业劳动者和农业生产经营组织推广的农业技术，应当坚持试验、示范、培训、推广的程序。推广的农业技术应当在推广地区经过试验证明具有先进性、适用性和安全性。

农业技术推广单位可以通过技术培训、现场观摩、入户指导、建立示范基地等方式，教育和引导农业劳动者、农业生产经营组织应用农业技术。

第二十二条　农业技术推广部门应当建立和完善农业技术推广服务信息化平台。国家农业技术推广机构应当运用信息网络和现代传播信息手段，为农业劳动者和农业生产经营组织提供便捷的农业科技信息服务。

第二十三条　地方各级国家农业技术推广机构向农业劳动者和农业生产经营组织推广农

业技术，实行无偿服务。

鼓励、引导农业劳动者和农业生产经营组织自愿应用农业技术，任何单位或者个人不得强迫。

第二十四条　国家农业技术推广机构以外的单位以及科技人员以技术转让、技术服务、技术承包、技术咨询和技术入股等形式提供农业技术的，可以实行有偿服务，其合法收入和植物新品种、农业技术专利等知识产权受法律保护。进行农业技术转让、技术服务、技术承包、技术咨询和技术入股，当事人各方应当订立合同，约定各自的权利和义务。

第二十五条　鼓励和支持以大宗农产品和优势特色农产品生产为重点的农业示范区、试验区、科技园区建设，集成、推广农业技术成果，发挥对农业技术推广的引领带动作用，促进现代农业发展。

第二十六条　地方各级人民政府可以采取购买服务等方式，引导社会力量参与公益性农业技术推广服务。

农业技术推广部门应当推动发展合作式、订单式、托管式等形式的农业社会化服务，鼓励和支持农业专业化服务组织开展农作物联耕联种、农机作业、病虫害统防统治等农业服务。

第四章　农业技术推广的保障措施

第二十七条　地方各级人民政府承担公益性农业技术推广体系建设主体责任。县级以上地方人民政府应当将基层公益性农业技术推广体系健全率纳入农业现代化指标考核体系，与现代农业建设统筹推进。

第二十八条　地方各级人民政府应当将农业技术推广资金纳入财政预算，并按照规定逐年增长。

县（市、区）、乡镇人民政府（街道办事处）应当保障农业技术推广机构开展农情监测预报、农产品质量监测、技术示范推广、职业农民培训等必要的工作经费。

任何单位和个人不得截留或者挪用用于农业技术推广的资金。

第二十九条　地方各级人民政府应当按照下列途径筹集农业技术推广专项资金，实行专款专用：

（一）财政拨款；

（二）农业发展基金中提取一定比例的资金；

（三）各类组织提供的贷款、捐赠等。

省级财政对重大农业技术推广给予补助。

第三十条　地方各级人民政府应当采取措施，改善县（市、区）、乡镇（街道）的国家农业技术推广机构专业技术人员的工作条件、生活条件，保障专业技术人员享受国家规定的待遇，人员经费列入财政预算，保持国家农业技术推广队伍的稳定。

县（市、区）、乡镇（街道）的国家农业技术推广机构专业技术人员参与实施国家、省有关农业技术推广项目的，可以按照规定享受相应补助。

第三十一条　分层分类评定农业技术推广人员的专业技术职称。农业技术推广人员的职称评定应当向乡镇（街道）、村从事农业技术推广人员倾斜，重点考核农业技术推广人员的业务水平和推广实效。具体办法由省人力资源社会保障部门会同省农业技术推广部门制定。

第三十二条　地方各级人民政府不得抽调或者借用农业技术推广人员从事与农业技术推

广无关的工作。

第三十三条　县级以上地方人民政府农业技术推广部门应当根据农业技术推广人员专业状况、现代农业发展和农民的农业技术需求，会同有关部门制定农业技术推广人员素质提升计划，统筹教育培训资源，通过组织专业进修、选送到院校学习等方式，分级分类分批开展农业技术推广人员培训，不断改善农业技术推广人员的知识结构，提高农业技术推广的服务能力和水平。

第三十四条　县级以上地方人民政府农业技术推广部门、乡镇人民政府（街道办事处）应当建立考核制度，明确考核指标，对其管理的农业技术推广机构履行公益性职责的情况进行监督、考评。监督、考评应当听取服务对象的意见，考核结果向社会公开。

地方各级国家农业技术推广机构应当建立农业技术推广人员工作责任制度和考评制度，规范推广行为，制定考核指标。对农业技术推广人员的考核应当由服务对象和农业技术推广部门、乡镇人民政府（街道办事处）共同参与。

第三十五条　鼓励、支持经营性农业技术推广服务的单位和个人从事农业技术推广工作。从事经营性农业技术推广服务的，享受国家和省规定的资金、信贷、税收等方面的优惠。

第五章　奖励与惩罚

第三十六条　在农业技术推广工作中有下列情形之一的单位和个人，按照有关规定给予表彰或者奖励：

（一）在推广农业科技成果、促进农业生产发展中取得显著成绩的；

（二）在农业技术推广管理工作中贡献突出的；

（三）在普及农业科学知识、培训农业技术人才、提高农业劳动者素质中取得显著成绩的；

（四）在组织领导和资金、物资上积极支持推广工作中贡献突出的；

（五）在农业技术推广工作中作出其他显著成绩的。

表彰或者奖励应当向基层一线倾斜，提高乡镇（街道）农业技术推广人员获得表彰或者奖励的比例。

第三十七条　地方各级国家农业技术推广机构及其工作人员未依照本办法规定履行职责的，由主管机关责令限期改正，通报批评；对直接负责的主管人员和其他直接责任人员依法给予处分。

第三十八条　有下列行为之一的，由其上级机关责令改正；拒不改正的，对直接负责的主管人员和其他直接责任人员依法给予处分：

（一）违反本办法第十一条规定，挤占地方各级国家农业技术推广机构人员编制的；

（二）违反本办法第十二条第二款规定，乡镇（街道）的国家农业技术推广机构的岗位安排非专业技术人员的；

（三）违反本办法第三十二条规定，抽调或者借用农业技术推广人员从事与农业技术推广无关的工作的。

第三十九条　违反本办法第二十一条第一款规定，向农业劳动者、农业生产经营组织推广未经试验证明具有先进性、适用性或者安全性的农业技术，造成损失的，依法承担赔偿责任。

第四十条　违反本办法第二十三条第二款规定，强迫农业劳动者、农业生产经营组织应用农业技术，造成损失的，依法承担赔偿责任。

第四十一条 违反本办法第二十八条第三款规定，截留或者挪用用于农业技术推广的资金的，对直接负责的主管人员和其他直接责任人员依法给予处分；构成犯罪的，依法追究刑事责任。

第六章 附 则

第四十二条 本办法自2017年5月1日起施行。

山东省加强基层农技推广人才队伍建设的二十条措施

为认真贯彻落实党的十九大精神，培养造就一支懂农业、爱农村、爱农民的"三农"工作队伍，有效解决全省基层农技推广人才队伍力量薄弱、专业技术人员"进不来""留不住""招人难"等问题，切实提高农技推广服务质量和效率，现就加强基层农技推广人才队伍建设，制定如下措施。

一、规范基层农技推广机构管理体制

1. 明确基层农技推广机构性质。基层农技推广机构是政府为普及推广种植业、林业、畜牧业、渔业、水利、农机等行业的科研成果和实用技术，在县乡两级设立的公益一类事业单位，其人员待遇、工作经费等纳入财政预算，实行全额预算管理。

2. 规范乡镇农技推广机构管理体制。乡镇农技推广工作可实行县农口有关部门管理为主或者乡镇政府管理为主、县农口部门业务指导的体制，具体由县级政府确定，同一县域内机构设置的模式应保持一致。实行县农口有关部门管理为主体制的，乡镇农技推广人员要主动参加乡镇各项涉农工作会议，定期向乡镇主管农业的领导请示和汇报业务工作，征询乡镇政府对农技推广工作的意见和要求，对所服务乡镇农业发展和农技推广工作提出意见和建议。实行乡镇政府管理为主体制的，要加大县政府对乡镇政府农业工作的考核权重，确保乡镇农技推广人员主要时间和精力用于农技推广本职工作，切实解决乡镇农技推广人员管理缺位、经费无保障、推广工作行政化等问题。

3. 科学布局乡镇农技推广机构。乡镇农技推广机构原则上按乡镇设置，也可跨乡镇按区域设置。

4. 严格乡镇农技推广人员编制管理。农业产业占比较高、农技推广任务重的县（市、区），乡镇农技推广人员数量不得低于全县农技人员总数的三分之二。严格编制管理，对现有农技推广岗位人员进行登记，分流非专业人员，切实做到专岗专用，及时补充专业人员，不得超编进人。

5. 建立农技推广人才轮岗制度。乡镇农技推广工作实行县农口有关部门管理为主体制的，县农口有关部门根据工作需要，优化配置农技推广人力资源，保证农技推广人才在县乡之间、乡乡之间正常流动。

二、完善基层农技推广人才引进培养机制

6. 创新基层农技推广人才引进方式。基层农技推广人才的引进与配备，要综合考虑当地

农业产业特点和规模、工作职责和任务、服务对象状况与分布、服务半径与手段、地域范围与交通等因素，且应当具有相应的专业技术水平，符合岗位职责要求。乡镇农技推广机构招聘硕士研究生或副高级职称以上的专业技术人才，可根据实际情况，由县（市、区）组织、人事和农业等部门采取面试、组织考察等方式公开招聘。

7. 积极引导相关专业的"三支一扶"大学毕业生到乡镇农技推广机构服务。自2018年起，乡镇农技推广机构在编制和岗位空缺数额内招募"三支一扶"人员，"三支一扶"人员服务满2年且考核合格的，采取考核考察的方式公开招聘为乡镇事业单位工作人员，在聘用合同中约定5年的最低服务期限（含"三支一扶"计划服务年限），不得再报考"面向服务基层项目人员"招考职位、岗位。

8. 完善基层农技推广人才定向培养机制。自2018年起，每年由省农业厅会同省直农口有关部门、省编办、省教育厅、省财政厅、省人力资源社会保障厅，依托省内高等院校，免学费定向培养200～300名基层农技推广本科、专科生，加大向贫困地区倾斜力度。定向培养生的学费由省财政承担。

9. 严格落实教育培训制度。省直农口有关部门每年初制定培训计划，对基层农技推广机构负责人进行专业知识培训，每3年轮训一遍；对基层农技推广人才进行继续教育，参加继续教育的时间每年累计不少于90学时。参加继续教育情况作为专业技术人员考核评价、岗位聘用的重要依据。教育培训经费列入各级财政预算，省财政给予适当补助。

10. 支持各类人才服务基层农技推广工作。将齐鲁乡村之星、科技特派员，作为基层农技推广人才的补充力量，引导其在农业生产一线从事与农技推广有关的生产、经营、服务活动。建立由省现代农业产业技术体系创新团队的专家学者，与基层骨干农技推广人才建立一对一联合团组，共同服务新型农业经营主体的农技推广新模式。每年选派到西部经济隆起带及省扶贫开发重点区域的200名科技人员，根据需求有针对性地到乡镇开展技术指导服务，解决基层共性技术难题。

三、健全基层农技推广人才服务保障机制

11. 切实保障乡镇农技推广机构基础设施建设。乡镇农技推广机构的业务用房和必要的工作生活设施，由所服务乡镇提供。

12. 强化乡镇农技推广机构服务手段。制定乡镇农技推广机构仪器设备配备标准，配齐配足。配备必要的农技推广服务车辆，纳入公务车辆管理。设立一定规模和相对稳定的农业科技试验示范基地。

13. 保障乡镇农技推广机构日常业务经费。每人每年不低于县级一类部门预算水平，并给予重点保障。

14. 省财政每年筹集资金8 000万元，支持基层农技推广机构面向新型农业经营主体广泛开展农技推广服务。

四、强化基层农技推广人才激励考核机制

15. 认真落实乡镇农技推广人才相关待遇。按照对乡镇机关事业单位工作人员实行乡镇工作补贴的政策，落实乡镇农技推广人才相关待遇。按照国家有关规定严格落实乡镇农、林、

水一线工作人员浮动工资政策。2018年（含）以后毕业，自愿到我省财政困难县乡镇农技推广机构工作，且服务年限连续达3年（含）以上的高校应届毕业生，其学费和国家助学贷款补偿资金由省财政承担。

16. 完善基层农技推广人才队伍职称评审管理及岗位聘用办法。在现有专业技术职务资格评审系列基础上，由各设区的市结合本地实际情况，研究制定本地区（不含城区街道办事处）农技推广人才队伍的职称评审管理及岗位聘用办法。评审中，不唯学历、不唯论文，重点评价服务"三农"、促进农业增效农民增收农村增绿等方面的业绩贡献。

17. 加大对基层农技人员的培养、选拔力度。结合基层农技推广机构管理体制、编制、职能任务等调整情况，调整基层农技推广机构岗位设置方案。按照"定向评价、定向使用"的原则，在全省乡镇农技推广机构设置乡镇农技高级专业技术岗位，用于聘用具有乡镇农技高级专业技术职务资格人员。

对于表现优秀、实绩突出的基层农技人员，可优先提任乡镇农技推广机构和县级农业部门事业单位领导职务，其中，对于在乡镇工作满10年、担任乡镇中层正职满3年、符合调任资格条件的，经设区市党委组织部门审批，可提拔调任乡镇机关或者县级农业部门机关副科级领导职务。

18. 加大山东省优秀乡镇农技推广人员奖励力度。按照有关规定申请增加每届评选名额，奖励标准提高到每人每年5 000元。

19. 加大优秀基层农技推广人才宣传力度。从历届优秀乡镇农技推广人员中选树最美基层农技推广人才，在省主流媒体宣传报道，营造全社会关心支持农技推广事业发展的良好氛围。

20. 健全完善乡镇农技推广人才考核制度。县农口有关部门建立乡镇农技推广人员工作责任制度和考评制度，制定考核指标，规范推广行为，对其履行公益性职责的情况进行监督、考评。建立县农口有关部门、乡镇政府、服务对象三方考核机制，把岗位履职情况作为对乡镇农技推广人员年度考核的重要内容，考核结果向社会公开，与乡镇农技推广人员绩效奖励、职务晋升、职称评聘、评先评优、研修深造等挂钩，对履职不力的，按照有关规定追究相关责任。把考核合格、最低服务期满的乡镇农技推广人员纳入公务员本土优秀人才招考，适当放宽年龄、学历等报考条件，为乡镇农技推广人员进入基层公务员队伍开辟绿色通道。

各级各部门要充分认识加强基层农技推广人才队伍建设的重要意义，将其列入重要议事日程。基层农技推广人才队伍建设工作由省人才工作领导小组统一领导，省农业厅会同省水利厅、省海洋与渔业厅、省林业厅、省畜牧兽医局、省农业机械管理局等省直农口有关部门牵头推进，省编办、省发改委、省教育厅、省科技厅、省财政厅、省人力资源社会保障厅根据各自职能，配合做好有关工作。各部门要强化责任意识，加强协调配合，制定实施细则，创造性地开展工作，推动各项政策尽快落地见效。各市要将各县（市、区）基层农技推广人才队伍建设工作开展情况纳入人才工作目标责任制考核，指导县级有关部门尽快落实具体工作和政策措施，确保各项支持措施落到实处。

年度专题：
寻找最美农技员活动

农业部办公厅关于开展 "寻找最美农技员活动" 的通知

农办科〔2017〕26号

各省、自治区、直辖市农业（农牧、农村经济）、农机、畜牧、兽医、渔业厅（局、委、办）：

为宣传基层农技人员不畏艰苦、为农服务的高尚品德，展示他们务实重干、开拓创新的精神风貌，为农技推广事业发展营造良好的社会氛围，鼓励广大农技人员扎根基层、爱岗敬业，农业部决定在全国开展"寻找最美农技员活动"。现将有关事宜通知如下。

一、范围和名额

（一）寻找范围

最美农技员寻找范围为基层农技推广机构长期从事农业技术推广服务并取得突出成效的农技人员，不包括行政编制人员。

（二）推荐名额

2017年农业部将确定100名最美农技员，按照1：5比例从各地遴选500名候选人。各省份推荐候选人名额以2016年底各省（自治区、直辖市）基层农技推广机构编制内人员数量为主要测算依据。农业部将从上述100名最美农技员中，择优产生2017年度"全国十佳农技推广标兵"资助人选。

二、人选条件

最美农技员推荐人应为仍在农业技术推广一线工作的基层农技人员，并符合下列条件。

（一）热爱祖国，拥护中国共产党领导，品行端正，无违法犯罪和党纪政纪处分记录。

（二）精通业务工作，推广了多项农业关键技术，常年深入生产一线开展服务，为当地粮食增产、农业增效、农民增收作出了突出贡献。

（三）受到省市县级以上表彰奖励，得到当地农业部门、农技推广机构、农民群众等各方面的普遍认可，事迹感人。

（四）在县乡从事农技推广服务工作累计在15年以上（不含以行政编制身份从事农技推广工作时间），计算时间截止到2017年6月30日。事迹特别突出的农技人员可不受从事农技推广服务工作时间限制，但须由所在地县（市、区）政府出具证明函。

三、工作程序

（一）拟推荐对象所在单位在充分发扬民主、广泛征求意见基础上，经过民主推荐、领导班子集体研究决定后，提出拟推荐对象，填写"寻找最美农技员活动"推荐申报表并附推荐人学历学位、主要业绩等证明材料，报送县级农业行政主管部门。

（二）县级农业行政主管部门牵头成立审核委员会，组织对推荐人选及相关资料进行核查，核查合格的进行公示。公示无异议的，签署意见并加盖公章后自下向上逐级推荐。

（三）各省农业行政主管部门牵头成立推荐评审委员会，对省内推荐人选所在单位、所在地推荐工作规范性和相关材料进行审核后，按照本省的推荐名额产生推荐人选，公示无异议后向农业部报送本省推荐函及推荐人员有关材料。推荐函包括推荐工作及公示情况等，并附本省最美农技员推荐人选基本情况表。

（四）农业部组织对各省推荐材料进行形式审查后，经评议、公示等程序，公布2017年全国"最美农技员"名单，组织有关媒体展示宣传"最美农技员"先进事迹。

四、有关要求

（一）各省农业行政主管部门要坚持公开、公平、公正，把扎根基层、业绩突出、贡献卓著的基层农技人员遴选出来。近年部分省份评选出的省内最美农技员，可简化工作程序，直接经省推荐评审委员会审议通过后，作为本省最美农技员推荐人选（须附相关证明材料）。

（二）推荐材料要真实、准确、规范，成绩和贡献要重点突出、言简意赅，避免面面俱到、空话套话。公示内容包括拟推荐对象基本情况和主要成绩、贡献，公示时间为5个工作日。公示期内，如有书面、实名投诉，应及时处理，并明确提出是否继续推荐的意见。

（三）严肃工作纪律，加强监督检查，杜绝暗箱操作。对于伪造成绩、贡献、材料等行为，经查实后撤销其推荐资格。

五、推荐材料报送

（一）电子材料报送。各省推荐函及推荐申报表电子版请发送到中国农业技术推广协会电子邮箱。

（二）纸质材料报送。省级农业部门统一将本省推荐函及推荐申报表等材料报送到中国农业技术推广协会。推荐申报表一式10份，其中原件2份，复印件8份。

（三）报送截止时间。各省推荐材料报送截止时间为2017年7月5日，纸质材料以寄出材料邮戳时间为准。

六、联系方式

（一）农业部科技教育司技术推广处

电话：010-59192266，010-59192911

联系人：李　翀　付长亮

（二）中国农业技术推广协会秘书处

电话：010-59194505，010-59194016（兼传真）

联系人：张　璐　　李　敏

邮箱：tgxiehui@agri.gov.cn

通信地址：北京朝阳区麦子店街20号楼325室

邮政编码：100125

农业部办公厅

2017年5月19日

农业部关于 "寻找最美农技员活动" 结果的通报

各省、自治区、直辖市农业（农牧、农村经济）、农机、畜牧、兽医、渔业厅（局、委、办）：

　　为宣传基层农技人员不畏艰苦、扎根农村、为农服务的高尚品德，展示他们务实重干、开拓创新的精神风貌，为农技推广事业发展营造良好的社会氛围，农业部决定在全国开展"寻找最美农技员活动"。经基层单位遴选推荐、省部两级专家审定推选、县省部三级公示等程序，从全国五十多万名基层农技人员中寻找出100名品德高尚、业绩突出、农民满意的"最美农技员"。现将获得"最美农技员"称号的人员名单予以通报，同时公布获得"最美农技员"提名的人员名单。

　　当前，我国正处于传统农业向现代农业转变的关键时期，推进农业供给侧结构性改革、促进农业绿色发展，迫切需要进一步发挥基层农技推广体系的主力军作用，提高农技推广服务供给的质量和效率。希望获得"最美农技员"称号的同志珍惜荣誉、不忘初心、再接再厉，在农技推广一线再创佳绩。全国广大农技人员要以"最美农技员"为榜样，立足本职工作，勇于担当、开拓创新，积极投身农技推广事业，为加快农业现代化、全面建成小康社会作出更大的贡献！

农业部
2017年10月19日

附件1："最美农技员"名单

徐　凯　北京市房山区农业科学研究所推广研究员
何振伯　天津市宝坻区动物疫病预防控制中心高级兽医师
罗寨玲　天津市武清区农机发展服务中心高级工程师
王建威　河北省望都县农业技术推广中心推广研究员
杨建宏　河北省张家口市万全区农业技术推广服务中心推广研究员
梁久杰　河北省承德县头沟镇农业技术推广综合区域站高级农艺师
李淑兰　山西省朔州市朔城区农业技术推广中心推广研究员
武拴虎　山西省临猗县临晋镇农业技术推广站农艺师
梁鑫平　山西省太谷县水秀乡畜牧兽医站高级兽医师
米志恒　内蒙古自治区巴彦淖尔市临河区农业技术推广中心推广研究员
杨素荣　内蒙古自治区赤峰市喀喇沁旗经济作物工作站推广研究员
韩丽萍　内蒙古自治区赤峰市翁牛特旗农业技术推广站高级农艺师

方子山　辽宁省建平县农业技术推广中心推广研究员

金　玲　辽宁省沈阳市苏家屯区农业技术推广中心推广研究员

王雪发　吉林省东辽县水产技术推广站正高级工程师

曲德辉　吉林省镇赉县农业机械化技术推广站高级工程师

孙家英　吉林省桦甸市永吉街道畜牧兽医站兽医师

张立君　吉林省辽源市东丰县大阳农业技术推广站高级农艺师

孙淑云　黑龙江省宝清县农业技术推广中心推广研究员

赵洪池　黑龙江省甘南县宝山乡农村经济服务中心推广研究员

高春艳　黑龙江省穆棱市农业技术推广中心推广研究员

周　燕　上海市崇明区农业技术推广中心高级农艺师

何　健　江苏省泰兴市黄桥镇农业技术服务中心高级农艺师

余汉清　江苏省无锡市惠山区蔬菜技术推广站推广研究员

俞同军　江苏省南京市溧水区和凤镇农业服务中心高级农艺师

洪　芳　江苏省海安县大公镇农业服务中心高级农艺师

黄富强　江苏省盱眙县旧铺镇农业技术服务站农艺师

丁理法　浙江省台州市温岭市水产技术推广站推广研究员

吴振我　浙江省泰顺县筱村镇农业公共服务中心农艺师

沈学能　浙江省湖州市南浔区菱湖镇农业综合服务中心工程师

徐小菊　浙江省温岭市特产技术推广站推广研究员

王万兵　安徽省芜湖市芜湖县水产技术推广站正高级工程师

江红莲　安徽省黄山市徽州区潜口镇农技站农艺师

李德福　安徽省淮南市潘集区贺疃农技站推广研究员

胡　鹏　安徽省合肥市巢湖市农业技术推广中心高级农艺师

王道平　福建省福安市农业局经济作物站推广研究员

叶启旺　福建省宁德市霞浦县水产技术推广站高级工程师

李荣正　福建省南平市建阳区莒口镇三农服务中心兽医师

朱永胜　江西省彭泽县浪溪镇农技推广综合站高级农艺师

李林海　江西省莲花县农业技术推广站高级农艺师

汪田有　江西省贵溪市雷溪镇农业技术推广综合站高级农艺师

陈有林　江西省余江县洪湖农业技术推广综合站农艺师

曾昭芙　江西省井冈山市畜牧兽医局推广研究员

王　燕　山东省济宁市兖州区农业技术推广站农艺师

兰俊锴　山东省济南市长清区畜牧兽医局张夏畜牧兽医站兽医师

冯传荣　山东省枣庄市市中区农业技术推广中心高级农艺师

朱瑞华　山东省平度市农业技术推广站农艺师

孙树民　山东省临清市尚店镇兽医站高级技师

赵克学　山东省沂南县畜牧技术推广站高级兽医师

寇玉湘　山东省昌邑市龙池镇农业综合服务中心农艺师

王庆安　河南省获嘉县农业技术推广中心高级农艺师

刘素霞　河南省濮阳县胡状镇农业服务中心高级农艺师

曹　荣　河南省方城县农业技术推广中心高级农艺师

宋红志　湖北省武穴市大金镇农业技术推广服务中心高级农艺师

张　瑞　湖北省丹江口市习家店镇农业技术推广服务中心高级农艺师

陈　斌　湖北省枣阳市农业技术推广中心高级农艺师

袁　亮　湖北省恩施市龙凤镇农业服务中心农艺师

夏宜龙　湖北省监利县农机安全监理推广站助理工程师

黄云书　湖北省利川市忠路镇农业服务中心农艺师

常发杰　湖北省十堰市郧阳区青曲镇农业技术服务中心高级农艺师

申群燕　湖南省怀化市洪江区横岩乡动物防疫站兽医师

麦友华　湖南省岳阳市湘阴县水产工作站高级工程师

李　再　湖南省长沙市长沙县青山铺镇农业综合服务中心农艺师

李概明　湖南省岳阳市湘阴县农业技术推广中心研究员

张斌欣　湖南省常德市石门县蒙泉镇农业技术推广站农艺师

周火玲　湖南省永州市宁远县水市镇农业技术推广站农艺师

林桂发　广东省揭阳市揭东区玉湖镇农业技术推广站高级农艺师

黄美聪　广东省连州市水果技术推广总站高级农艺师

叶东明　广西壮族自治区百色市田阳县田州镇农技推广站高级农艺师

杨国平　广西壮族自治区桂林市灵川县潭下镇农技推广站高级农艺师

李金旺　广西壮族自治区玉林市北流市农业技术推广站高级农艺师

吴华球　广西壮族自治区玉林市容县容州镇农业技术推广站高级农艺师

林　玲　广西壮族自治区贺州市八步区贺街镇农技推广站高级农艺师

周王鼎　海南省琼海市农业技术推广服务中心推广研究员

许洪富　重庆市秀山土家族苗族自治县农业技术服务中心高级农艺师

黄久龄　重庆市涪陵区义和镇农业服务中心高级农艺师

何洪元　四川省德阳市绵竹市新市镇农业服务中心农艺师

郑　雄　四川省广元市苍溪县浙水乡畜牧兽医站高级兽医师

郭建全　四川省南充市营山县植保植检站农艺师

蒋裕兰　四川省广安市广安区兴平镇农技推广站农艺师

李云华　贵州省铜仁市碧江区灯塔街道办事处农业服务中心兽医师

彭栋梁　贵州省剑河县磻溪镇农业服务中心兽医师

雷文权　贵州省仁怀市农业技术综合服务站高级农艺师

马春旺　云南省楚雄州楚雄市吕合镇农业技术推广服务中心高级农艺师

刘少龙　云南省楚雄州禄丰县农业技术推广中心高级农艺师

许艳斌　云南省通海县秀山街道农业综合服务中心高级农艺师

李晓梅　云南省沧源佤族自治县农业技术推广站高级农艺师

陈兴片　云南省宣威市宝山镇农业综合服务中心高级农艺师

赵云柱　云南省文山州砚山县植保植检站高级农艺师

唐亚梅　云南省临沧市临翔区博尚镇农业综合服务中心高级农艺师

次仁云丹　西藏自治区山南市农业技术推广中心农艺师

屈军涛　陕西省延安市洛川县苹果生产技术开发办公室推广研究员

廖元江　陕西省石泉县池河镇农业综合服务站高级兽医师
于　琼　甘肃省张掖市甘州区新墩镇农业技术服务站农艺师
牛建彪　甘肃省榆中县农业技术推广中心推广研究员
张国森　甘肃省酒泉市肃州区蔬菜技术服务中心推广研究员
阿保地　青海省玉树市畜牧兽医工作站高级兽医师
刘　欣　宁夏回族自治区贺兰县畜牧水产技术推广服务中心推广研究员
朱马太·哈吉拜　新疆维吾尔自治区富蕴县农业技术推广站推广研究员
祖力皮亚·阿巴拜克力　新疆维吾尔自治区伊宁市农业技术推广站推广研究员

附件2："最美农技员"提名名单

齐长红　北京市昌平区蔬菜技术推广站高级农艺师
马立军　河北省隆化县农牧局生产科教管理办公室农艺师
刘志坤　河北省平乡县农业技术推广中心高级农艺师
薛家凤　河北省黄骅市农业局科技教育站推广研究员
王文刚　山西省太谷县农委蔬菜产业技术服务中心高级农艺师
冀　金　内蒙古自治区乌兰察布市察右前旗经济作物工作站高级农艺师
王国忠　吉林省公主岭市农业技术推广总站推广研究员
刘美良　吉林省抚松县农业技术推广总站推广研究员
华淑英　黑龙江省抚远市农业技术推广中心推广研究员
赵云彩　黑龙江省逊克县农业技术推广中心推广研究员
陈思宏　江苏省淮安市洪泽区植物保护站推广研究员
梁明华　江苏省句容市农业技术推广中心推广研究员
严百元　浙江省建德市种子管理站高级农艺师
陈银学　浙江省桐乡市洲泉镇农业经济服务中心高级农艺师
王志信　安徽省枞阳县会宫镇农技站高级农艺师
于佃平　山东省夏津县植物保护站推广研究员
孙茂真　山东省桓台县农业技术推广中心高级农艺师
胡永军　山东省寿光市植物保护站推广研究员
徐月华　山东省蓬莱市果树工作总站研究员
王进文　河南省柘城县农业技术推广中心高级农艺师
许志华　河南省内乡县农机推广站助理工程师
戚占民　河南省确山县农业技术推广中心推广研究员
常树堂　河南省漯河市郾城区农机化技术推广站高级工程师
丁祖政　湖北省长阳土家族自治县大堰乡农技推广服务中心高级农艺师
赵　永　湖南省湘乡市东山街道办事处农技站高级农艺师
胡德辉　湖南省平江县浯口镇农技推广中心高级农艺师
张少润　广东省陆丰市农业技术推广中心高级农艺师
谈近强　广东省中山市三乡镇农业服务中心高级农艺师
韦兰英　广西壮族自治区武宣县农业技术推广站高级农艺师
方有历　广西壮族自治区横县南乡镇农业站农艺师

唐伯盛　广西壮族自治区德保县农业技术推广站农艺师
宁　红　重庆市城口县农业技术推广站高级农艺师
刘乾毅　重庆市潼南区农业技术推广站研究员
刘玉梅　四川省安岳县永清镇农业服务中心高级农艺师
刘志华　四川省南充市嘉陵区农牧业局园区办农艺师
李坤清　四川省资阳市雁江区农业技术推广中心高级农艺师
张秀华　四川省汉源县农业局高级农艺师
潘思恩　四川省青川县凉水镇农业服务中心助理农艺师
安　强　贵州省德江县农业技术推广站高级农艺师
易　伦　贵州省遵义市播州区农牧局农艺师
何建群　云南省宾川县植保植检站推广研究员
唐建昆　云南省耿马傣族佤族自治县孟定农场管委会农林水服务中心高级农艺师
斯那永宗　云南省德钦县拖顶乡农业技术推广站农艺师
焦　兰　云南省广南县农业技术推广中心推广研究员
王　雅　陕西省兴平市农技站农艺师
李颖莉　陕西省蒲城县农业技术推广中心高级农艺师
汪德义　陕西省安康市汉滨区农业技术推广中心推广研究员
曹　源　陕西省榆林市榆阳区园艺技术推广站高级农艺师
林学仕　甘肃省永靖县动物疫病预防控制中心高级畜牧师
田新平　新疆维吾尔自治区乌鲁木齐市达坂城区农业技术推广中心高级农艺师

书写科技兴农新诗篇

——"寻找最美农技员"活动综述

　　成天走村串户，奔波田间地头，晴天一身汗、雨天一身泥。他们是农业农村生产一线的千千万万农技员。目前全国有农技推广机构7.5万个，在编农技人员51.2万人。广大农技人员勤勤恳恳扎根一线，谱写了无数科技兴农诗篇。

　　为了向社会展示他们务实肯干、甘于无私奉献的感人事迹，今年5月，农业部正式启动"寻找最美农技员"活动。

　　围绕活动的组织与配合、入选条件与名额控制、推荐的程序与方法、材料的申报与审核等每一个细节，农业部认真研究部署，确保把德才兼备、实绩出众的一线农技员代表选上来。各省农业系统也立即行动起来，紧锣密鼓展开本省最美农技员推荐候选人的遴选工作。

　　一些省份在候选人遴选上重点向乡镇和国家级扶贫重点县倾斜。如，陕西推荐的候选人全部来自基层一线和贫困县区；云南重点推荐国家连片扶贫的乌蒙山区、石漠化地区、滇西边境山区、藏区和少数民族自治县农技人员。

　　经过初筛，最终选出150位农技员作为全国最美农技员正式候选人。其中来自乡镇的60位，占参加初筛乡镇人选的48.8%；来自县级的90位，占参加初筛县级人员的24.1%。

　　"这些候选人从事农技推广服务的年限基本都在20年以上，甚至有不少同志在基层农技推广体系工作了30年以上，他们一辈子扎根基层、为农奉献，真不容易，真让人感动。"来自中国农业科学院的评审专家顿宝庆说。

　　8月1日至8月15日，活动组织方在农业部官网和新开通的中国农技推广APP同时开展网络投票。中国网、人民网、新华网、中国农业推广网等网站也都引入了"寻找最美农技员投票活动"的页面链接，同步开展网络投票活动宣传。

　　网络投票活动得到了社会各界、尤其是全国农业系统的积极响应，扩大了寻找最美农技员活动的影响力。截至8月15日17时，参与投票人数为105万人次，总投票数为273万票；被投票人最高得票12.6万张，其中得票数超1万张的有29人，得票数超过10万张的有12人。

　　8月下旬，农业部组织专家推荐会，22人组成的专家推荐组，在认真查阅150名最美农技员有效候选人资料的基础上，最终推荐产生了100名最美农技员建议名单。其中，乡镇农技员50名、县级农技员50名，申报通过率分别约为40.6%、13.4%。

　　活动期间，组织方收到很多农技员来电。一些农技员说，在农业系统干了几十年，现在才发现自己的工作这么重要，社会对农技工作这么认可。还有的参评农技员表示，通过参加这次活动，信心更足了、干劲更大了，以后要继续努力工作，服务好农民，为三农事业发展添砖加瓦。

　　　　　　　　　　　　　　　　　　　　　　　　　　　新华社北京　11月28日电

田野上的生命赞歌
——追记湖北省监利县农机站长夏宜龙

"他又下乡去了，晚些会回家吃饭吧？"几个月过去了，每到临睡前杨小蔓还是习惯性地等候，她盼望丈夫夏宜龙与从前一样，拖着疲惫的身躯，风尘仆仆地回到家来。但是猛然间会回过神，思念和悲伤在瞬间如潮水般涌上心头：他再也不会回来了！

就在今年春耕期间，她的丈夫，湖北省监利县农机站长夏宜龙，突发心肌梗死倒在工作岗位，将背影定格在春耕备耕的路上，也永远地离开了杨小蔓和年仅10岁的孩子。去世时，夏宜龙年仅45岁。

夏宜龙，这个工作拼命而认真的人，这个始终把农机户的利益放在心上的人，这个心里装着"农机化"梦想的人，一直活在身边人的心里，不曾离开。

从春节后上班至3月27日，不到2个月的时间里夏宜龙就在基层忙了51天。一本简简单单的工作日志，记录的是他生命的最后历程：

"下村检查验收机耕路工程16天、驻村扶贫11天、购机补贴入户核查10天、东风井关农机示范合作项目乡镇选点8天、农机安全生产下乡检查4天、接待咸安区及广东茂名市农机专班参观2天……"

为赶在春耕生产前完成全县23个乡镇120个村350千米机耕路的工程验收，以及2万亩旱地机械深松整地工作，夏宜龙放弃双休假日，每天查验近10个村。病发时，他还在撰写发言材料，准备两天后参加全省农机备战春耕会议。

"出殡那天，正该忙春耕备耕的时候，几千名农民、农机合作社成员从田间地头专程赶来，送他最后一程。"杨小蔓说。

永红村三组农机大户王井炎至今还记得农机报废更新补贴实施方案出来后，夏宜龙风风火火来告诉他这个好消息的情景。随着农机化的快速发展，监利县老旧农机也不断增多。为了最大程度保证农机户的权益，夏宜龙专门安排多设收购点，打破定点压价收购、损害农民利益的现象，并出台保护价收购标准。

"以前一台废旧收割机只能卖到500～800元，现在回收价提高到2 000元左右，报废更新政策补贴2万多。最近我报废更新了1台拖拉机，2台收割机。"王井炎说。

他是把农民的利益看得比什么都重要的人，一分一厘都要用在刀刃上。2015年10月，夏宜龙和同事一起入户核查农机购买补贴经费发放情况。夏宜龙发现某经销商弄虚作假，伪造了照片资料，想私吞10多万元补贴资金。他当场呵斥经销商："农机补贴资金是国家惠民政策体现，想在我这里弄虚作假，没门！"经销商仍不死心，揣着两条名烟上门求情，被夏宜龙扫地出门。经他们严格核实，全县3 740万元的农机购置补贴全部按规定发放到位。

针对商业保险机构不愿涉足农机保险，一旦出现事故农机户利益无法维护的难题，夏宜龙率先在监利县推行农机安全互助，引导农机户自发入会。5年来，共有8 000余名农机手加入农机安全互助协会，全县共发生碰撞、落水等一般农机事故230起，为事故机手补偿158万元。

他是为了农民利益最大化，不惜扑下身子的人。18年来，夏宜龙一直奋战在农业机械化技术推广一线。截至目前，监利农机专业合作社发展到81家，成功创建了7个平安农机示范合作社，34个平安农机示范村。其中，夏宜龙领办创建的平安农机示范村有8个。

尚正农机专业合作社地处偏远的尺八镇，为了扶持其创建"平安农机示范合作社"，夏宜龙费了无数的心血。他多次来到尺八镇，帮助合作社建立维修网点，提升资质，增添设备，并积极为合作社争取政府补贴。目前这个合作社已可覆盖维修尺八镇、三洲镇两个乡镇的农业机械。

为了防范农机安全风险，夏宜龙与合作社负责人商量，为合作社的农机购买财产保险。这种保险，政府出资60%，合作社需出资40%。他耐心细致地做宣传，终于做通了合作社负责人的思想工作，为合作社的28台农业机具全部购买了保险。目前全县农机合作社已有430台农业机具购买了保险。

今年5月，农业部启动"寻找最美农技员"活动，向社会展示农技员务实肯干、甘于无私奉献的感人事迹。

夏宜龙离开了，但是作为"最美农技员"队伍中的一员，他的梦想还在广阔田野中继续，他的精神支撑着千千万万的农技员和农民努力前行。当下，一批又一批农技员正在用汗水放飞希望，用科技改变农村，他们撑起了我国乡村振兴、农业发展的宏伟蓝图。

新华社北京　12月12日电

心血倾注在希望的田野上
——来自"寻找最美农技员"的一线报道

农业部今年发起"寻找最美农技员活动"，从51万基层农技人员中寻找佼佼者。在寻找的过程中，记者近距离接触到农技人员的酸甜苦辣。他们身上，有乐观坚毅，有吃苦耐劳，有贡献突出，也有无私奉献，构成了基层农技推广事业的一幅"最美"群像图。

扎根基层，在平凡的岗位从事农业科技推广

种植泡椒70多万亩，实现增收7亿元；种植果酱番茄30余万亩，实现增收10亿多元……这，远不止河北省望都县农技推广站站长王建威26年来在农技第一线奔波的回报。

王建威是一个群体的"一分子"：他们，受过正规的教育，拥有一技之长，却甘愿留在农村，从事繁杂的农业生产；他们，挥洒着汗水与泪水，将青春奉献给土地，却乐此不疲，甘之如饴；他们，自己吃着简单的饭食，穿着朴素的衣衫，住着狭小的房子，为了农民兄弟的增收致富而日日奔走；他们，扎根基层，在平凡的岗位，从事着农业科技推广这一伟大事业……

他们，就是基层农技推广员。他们让农业科技真正落地，是惠及百姓的传道者，是现代农业的中国脊梁。曾经，有人笑称"远看是要饭的，近看是农技站的。"这些人不知道，农技员这一身的狼狈，也许正是为农民的小麦预防病虫害，刚刚从田里回来。曾经，有人忧心这支队伍"线断、网破、人散"，然而正是在艰苦的条件中，50多万人的基层农技推广队伍为我国粮食"十二连增"、农民收入"十连快"提供了有力支撑。

一茬又一茬，一代又一代，年轻的农技员不甘示弱。

北京市房山区农业科学研究所所长徐凯是一位70后农技员。刚来所里工作时，做蔬菜冬春茬试验，要求观察记录温室温湿度数据变化情况，那时没有自动记录仪器，只能每两小时到温室里去看一下，冬天夜里温度零下十几摄氏度，照样棉帽子一戴就往温室里跑……

从事农技推广工作17年以来，他最主要的工作，就是在示范基地里把新品种、新技术、新模式直观地展示给农户，让农户能看得见、学得来、上手快，避免种植风险。他每年组织开展食用菌、蔬菜、粮食、景观作物、肥料新品种和新技术试验示范30余个，目前已筛选并引进30余个适宜房山区种植的新品种，推广农业新技术20余项，同时通过基地每年为农户培育优质种苗100万株以上，菌种2万余袋。

把"科学家产量"变成"农民产量"，为现代农业发展提供有力支撑

现代农业要发展，离不开科技支撑，而科技最终落地，转化为生产力，还得靠农技员的

示范应用与推广。农技员将新品种、新技术、新农艺、新机械送到田间地头，将成果留在千家万户。

风沙大、土壤薄，干旱缺水，在甘肃省酒泉市，有这样一位农技员，硬是在这戈壁滩上发展了令人震撼的"戈壁农业"。

1987年，刚参加工作的张国森就被分配到肃州区位置最远、基础最差、条件最苦的屯升乡。就在那里，他曾经数月不回家，为农民进行科技指导。1997年，他在肃北蒙古族自治县挂职，提出在牧区发展温室的想法，克服了低温严寒等各种不利因素，他指导搭建标准化温室38座，当年种植，当年见效，改变了肃北县时令蔬菜靠外地供应的局面。

对张国森来说，农业的出路在科技，而打开农技推广工作的局面，要大胆创新。为了给大部分面积是戈壁荒漠的酒泉农业找出路，张国森提出了在非耕地发展日光温室蔬菜产业的设想，经过上百次的试验示范，成功开发出了一套适合本地气候、地势特点的戈壁、沙石等非耕地类型的日光温室新结构和新的种植技术。通过近10年的发展，肃州区非耕地日光温室面积达到1.2万亩，成为全国最大的非耕地日光温室产业化示范基地。2017年，甘肃省将非耕地蔬菜产业定性为"戈壁农业"，以肃州区为代表的戈壁农业，成为全国设施农业的一块样板。

广阔天地，大有作为。对很多人来说，有一个能够实现志向的舞台，发挥自己所长，是一件非常幸运的事情。

天津武清区的农机专家罗寨玲，她的激光平地节水技术，获得市级奖励。江西井冈山的曾昭芙，拥有两项国家发明专利，四项实用新型专利被授权，还撰写了专著《现代养猪实用技术》。他们常年坚持在生产一线，为群众解决疑难问题；农业生产少不了他们，科技示范少不了他们，农民更是离不开他们。

曾经，"望天收"是农业的无奈。今天，丰收的背后动力是：基层农技员把优良品种、实用技术及先进的管理经验带给农民，把"科学家产量"变成了"农民产量"。

用科技撬动产量与收入，引领农民进入增收致富快车道

推广新技术、应用新品种，教农民如何科学种田，这是农技员的本行。但农技员的工作又不止这些，还包括引进适合区域的新品种，指导产供销，创新技术预防灾情，突破技术障碍保产量，现代农业园试验示范，等等。丰收之年有他们，突发灾害时更离不开他们。农民信赖他们，不仅仅是对科学的信任，也是对他们人格中那份"三农"情的信任。

2017年3月25日，一个周六中午，翁牛特旗农技站站长韩丽萍刚从紫城街道杨家营子蔬菜棚区培训技术归来，正在家中休息，突然听到敲门声……她推门一看，原来是在桥头镇羊草沟村推广设施农业时认识的蔬菜种植户刘国志。因为番茄今年又获得好收成，老刘专程来看她，还为韩丽萍送来一袋番茄。

韩丽萍清楚地记得：2008年，当地政府决定将推广设施蔬菜作为增加农民收入的一项重要措施。韩丽萍亲自抓试点，87个棚，每个棚的方位和落地的四个点，是她扛着仪器一个一个地测出来的；建设时期的每一个环节，她都手把手地教；秧苗移栽的每一个步骤，她不厌其烦地指导。从凌晨4点半就开始工作，晚上到天黑才结束，每天工作10多个小时。从规划到收菜，韩丽萍在羊草沟村一干就是6个月。脸晒黑了，腿走肿了，嘴上起了泡。功夫不负有心人，棚室的产量增加了一倍，效益翻了一番，韩丽萍的辛勤工作给老百姓带来实实在在的经济效益；老百姓自然也相信她、尊敬她。

在江西省彭泽县浪溪镇，有个人人都信赖的老朱，他就是农技员朱永胜。老朱对农业充满热爱，每次开展新技术、新品种、新模式的试验、示范和推广工作，他都带领乡亲奋战在田间地头。在农业部棉花万亩高产创建示范项目试验中，省农业厅要推行轻简化育苗技术，有农民对新技术有顾虑，怕不按老办法，没有收成，老朱给他们打包票："如果育苗移栽失败造成损失，我个人负责赔偿！"2010年项目区棉花皮棉产量达到每亩412.5千克，比2009年每亩增产112.5千克，仅此一项，浪溪镇农民增加收入900余万元。新技术的推广让"靠天吃饭不如靠技要效益"的种田观念深入人心，也让浪溪镇成为彭泽县现代农业示范区的典范。

如果说科技为农业插上了腾飞的翅膀，农技员则让这对翅膀更丰满、更有力；如果说科技之光照亮了现代农业的方向，农技员则把星星之火变成燎原之势，引领传统农业迈过现代化的门槛。这就是我们的基层农技员，用科技撬动产量与收入，为农业生产点石成金。

躬身田野，从青丝到白发，舍小家为大家

农技推广苦不苦？当然苦。累不累？当然累。有没有希望？农民的丰收就是他们最满意的希望。在农技推广队伍中，很多人都从事了20年以上的农技推广工作，有的甚至为农业服务了30多年，在这几十年的寒来暑往中，他们见证了春播秋收，见证了土地的四季更替，把自己当成一粒种子，深深地扎根基层，用汗水浇灌大地，期待更多的开花结果。

他们无愧农民朋友的重托，却对家人和自己留有一份亏欠。今年3月，湖北省监利县农机干部夏宜龙永远倒在了春耕备耕的路上，年仅45岁。监利县农机局局长陈义书回忆起夏宜龙工作中的点点滴滴，几次泪流满面。在同事眼中，夏宜龙对工作特别较真。春耕生产即将进入高潮，为赶在春耕生产前完成全县23个乡镇120个村350千米机耕路的工程验收，以及2万亩旱地机械深松整地工作，夏宜龙带领专班，放弃双休假日，风雨兼程，每天查验近10个村。他亲自拿着GPS测量仪，对照机耕路建设各项指标参数，徒步丈量机耕路的长度、宽度，逐一检查机耕路工程质量，查看土地深松进度，不符合要求的绝不宽容。正是这样高强度的劳动，让他的身体不堪重负，牺牲在工作岗位上，燃尽了最后的生命之火。

农技推广要结合农时，试验示范则要定时记录，很多农技员都处于一种没有生活、只有工作的状态，自己的健康无暇顾及，家人更是照顾不到。在中原粮仓河南省，改农技站为区域站，一个农技员要服务上百亩的高产创建示范田。濮阳县胡状镇农业服务中心主任刘素霞，长年在生产一线，家里孩子无人照顾，就带到地里，夏天孩子在户外被晒了一身水泡，刘素霞心疼地眼泪直流……在新疆维吾尔自治区富蕴县农业技术推广站，高级农艺师朱马太·哈吉拜，背着35千克重的机械喷雾器教群众如何进行化学除草时，因疲劳过度不慎跌落渠底，右髋关节坏死……经过短短3个月的休养，他又重返工作岗位，骑着一辆右踏板比左踏板短3厘米的特制自行车，往返穿梭在乡间小路上……他是农民的"科技财神"，从不计较个人得失，他说，"各族农民丰收的笑脸，就是对我最好的褒奖。"

全国51万农技推广员，从青丝到白发，扎根基层，躬身田野，无私奉献着青春和智慧，永远和农民朋友在一起。

人民日报 2017年11月30日

为科技兴农躬行者点赞

——记"寻找最美农技员"活动

他们不是农民，却天天与土地庄稼打交道；不是牧民，却经常进牛棚羊圈、到猪场鸡场。他们忙于走村串户，奔波田间地头，晴天一身汗、雨天一身泥。他们就是千千万万奋战在农业农村生产一线的农技员，他们的任务是让农业科技真正落地。

目前，全国有农技推广机构7.5万个，在编农技人员51.2万人。广大农技人员勤勤恳恳、扎根一线，谱写了无数科技兴农诗篇。为了向社会展示他们务实肯干、甘于奉献的感人事迹，2017年5月，农业部正式启动"寻找最美农技员"活动。

围绕活动的组织与配合、入选条件与名额控制、推荐的程序与方法、材料的申报与审核等每一个细节，农业部认真研究部署，确保把德才兼备、实绩出众的一线农技员代表选上来。各省份农业系统也行动起来，紧锣密鼓展开本省份最美农技员推荐候选人的遴选工作。

经过初筛，最终选出150位农技员作为全国最美农技员正式候选人。其中来自乡镇的60位，占参加初筛乡镇人选的48.8%；来自县级的90位，占参加初筛县级人员的24.1%。

8月1日至8月15日，活动组织方在农业部官网和新开通的中国农技推广APP同时开展网络投票。网络投票活动得到了社会各界，尤其是全国农业系统的积极响应，扩大了寻找最美农技员活动的影响力。

8月下旬，农业部组织专家推荐会推荐产生了100名最美农技员建议名单。其中，乡镇农技员50名、县级农技员50名，申报通过率分别约为40.6%、13.4%。

活动期间，组织方收到很多农技员来电。一些农技员说，在农业系统干了几十年，现在更深刻地认识到自己工作的重要性，社会对农技工作这么认可。还有参评农技员表示，通过参加这次活动，信心更足了、干劲更大了，以后要继续努力工作，服务好农民，为"三农"事业发展添砖加瓦。

农业丰收的背后，是基层农技员把优良的品种、实用的技术及先进的管理经验带给农民，他们把"科学家产量"变成了"农民产量"。如果说科技为农业插上了腾飞的翅膀，农技员则是让这对翅膀更丰满更有力，如果说科技之光照亮了现代农业的方向，农技员则把星星之火变成燎原之势，引领传统农业迈向现代化。

经济日报　2017年12月05日

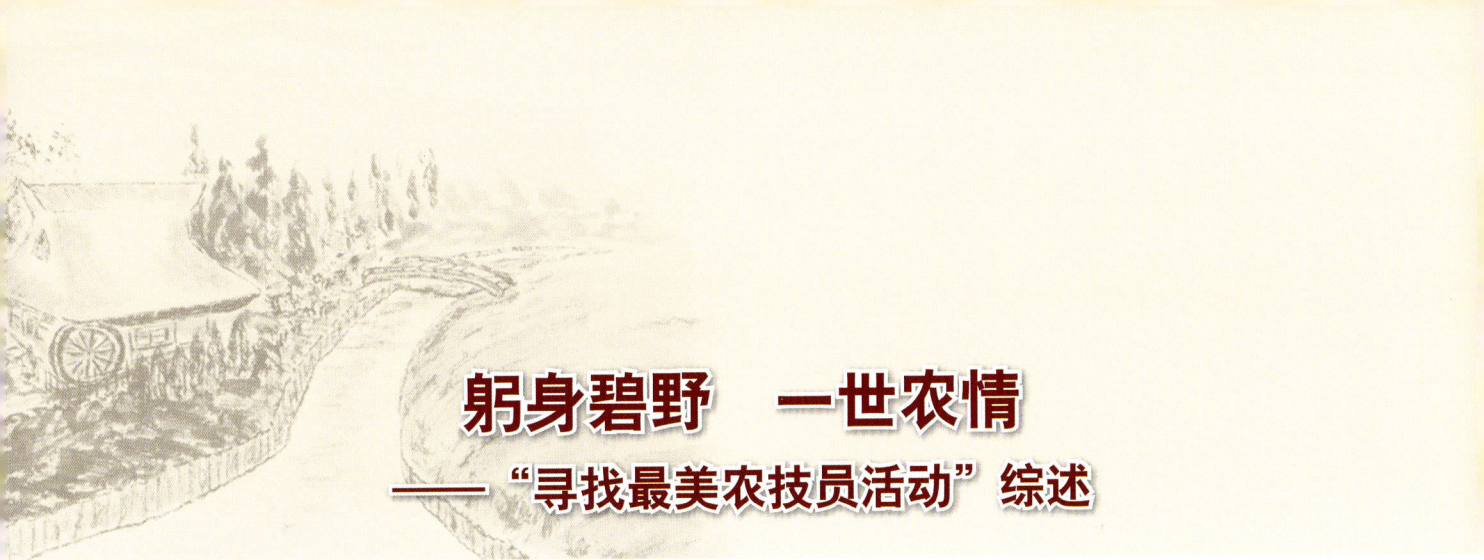

躬身碧野　一世农情
——"寻找最美农技员活动"综述

有这样一群人，他们受过正规的教育，拥有一技之长，却甘愿留在农村，从事着繁杂的农业生产；有这样一群人，他们挥洒着汗水与泪水，将青春奉献给土地，却乐此不疲，甘之如饴；有这样一群人，他们自己吃着简陋的饭食，穿着朴素的衣衫，住着狭小的房子，却为了农民兄弟的增收致富而日日奔走；有这样一群人，他们扎根基层，在平凡的岗位，从事着农业科技推广这一伟大的事业。

他们是基层农技推广员，他们的任务是让农业科技真正落地，是惠及百姓的传道者，是现代农业的中国脊梁。曾经，有不了解他们的人，笑称"远看是要饭的，近看是农技站的。"他们不知道，这一身的"狼狈"，也许正是为农民的小麦预防病虫害，刚刚从田里回来；曾经，有人忧心这支队伍"线断、网破、人散"，是的，农技服务的工作又累又操心，不是一个吸引人的职业，然而就是在这样艰苦的环境下，50多万人的基层农技推广队伍为我国粮食"十二连增"、农民收入"十连快"提供了有力支撑。

近日，农业部发起"寻找最美农技员活动"，寻找出了100名品德高尚、业绩突出、农民满意的"最美农技员"。在这寻找的过程中，也让我们近距离接触到农技人员的酸甜苦辣，在他们身上，有乐观坚毅，有吃苦耐劳，有贡献突出，也有无私奉献，他们每个人身上的闪光点，构成了基层农技推广事业的一幅群像图。

农技推广体系是先进实用技术推广的国家队，农技员为保障国家粮食安全和现代农业的发展提供了有力支撑。

现代农业要发展，离不开科技的翅膀，而科技最终落地，转化为生产力，还得靠农技员的示范应用与推广，当科学家将论文写在大地上的时候，更多的农技员则将新品种、新技术、新农艺、新机械送到田间地头，将成果留在千家万户。

在北京市房山区，有这样一位"70后"的农技员，他是房山区农业科学研究所所长徐凯，刚来所里工作时，做蔬菜冬春茬试验，要求观察记录温室温湿度数据变化情况，那时没有自动记录仪器。只能每两小时到温室里去看一下，冬天夜里温度零下十几度，照样棉帽子一带就往温室里跑。从事农技推广工作17年来，他最主要的工作，就是在示范基地里把新品种、新技术、新模式直观地展示给农户，让农户能看得见、学得来、上手快，避免种植风险。他每年组织开展食用菌、蔬菜、粮食、肥料新品种和新技术等试验示范30余个，目前已筛选并引进30余个适宜新品种，推广新技术20余项，每年为农户培育优质种苗100万株以上。

北京市的农业面临着向高效绿色转型，徐凯则思考着在他的示范园区实践生态、节水、可循环的理念，在他的组织下，园区内实现了农业资源废弃物的循环利用，这一举措也吸引了北京市其他地区的同行前来参观学习。

北京的都市农业有其发展优势，而在祖国的大西北，风沙大、土壤薄、干旱缺水，在甘肃省酒泉市，有这样一位农技员，硬是在这戈壁滩上发展起了令人震撼的"戈壁农业"。1987年，刚参加工作的张国森就被分配到肃州区位置最远、基础最差、条件最苦的屯升乡。在那里，他曾经数月不回家，为农民进行科技指导。1997年，他在肃北县挂职，首次提出了在牧区发展温室的理念，在克服了低温严寒等各种不利因素之后，他指导建设标准化温室38栋，当年种植，当年见效，改变了肃北县时令蔬菜靠外地供应的局面。对张国森来说，农业的出路在科技，而打开农技推广工作的局面，要大胆创新。为了给大部分面积是戈壁荒漠的酒泉农业找出路，张国森提出了在非耕地发展日光温室蔬菜产业的设想，经过上百次的试验示范，成功开发出了一套适合当地气候、地势特点的戈壁、沙石等非耕地类型的日光温室新结构和新的种植技术，通过近10年的发展，肃州区非耕地日光温室面积达到12 000亩，成为全国最大的非耕地日光温室产业化示范基地。2017年，甘肃省将非耕地蔬菜产业定性为"戈壁农业"，以肃州区为代表的戈壁农业，已经成为全国设施农业的一块样板。

广阔天地，大有作为。对很多人来说，有一个能够实现自己志向的舞台，发挥自己所长，是一件非常幸运的事情，但更多时候，很多人在自己的舞台上没有坚持下来，他们有的被更优厚的待遇吸引，有的受不了日复一日的繁重劳动，在农村广阔的天地中，只有那些不忘初心、热爱土地的人留了下来，实现自己的理想。

在农技推广岗位上的他们，有天津武清的农机专家罗寨玲，她的激光平地节水技术，获得了市级二等奖；有河北望都的蔬菜专家王建威，他一年要开办技术讲座14场，现场指导600多人次，每天能接到至少40个电话，帮助农民增收数十亿元；有江西井冈山的曾昭芙，拥有两项国家发明专利，四项实用新型专利被授权，还撰写了专著《现代养猪实用技术》。他们常年坚持在生产一线，为群众解决疑难问题，农业生产少不了他们，科技示范少不了他们。农民更是离不开他们。

农业科技为农业稳产增产提供保障，农技员为农民与科技搭建桥梁，让科技引领农民进入增收致富的快车道。

2017年3月25日，一个周六的中午，翁牛特旗农技站站长韩丽萍刚从紫城街道杨家营子蔬菜棚区培训技术归来，正在家中休息。突然听到敲门声，韩丽萍推门一看，原来是她在桥头镇羊草沟村推广设施农业认识的蔬菜种植户刘国志，他家的番茄今年又获得了好收成，专门为韩丽萍送来了一袋番茄。讲了一个上午课的韩丽萍本来已经很累了，可一看到她亲自指导的蔬菜种植户，就又高兴地和他聊起了蔬菜的事。

2008年，当地政府决定将推广设施蔬菜作为增加农民收入的一项重要措施，韩丽萍亲自抓试点，87个棚，每个棚的方位和落地的四个点，是她扛着仪器一个一个地测出来的。建设时期的每一个环节，她都亲力亲为手把手地教；秧苗移栽的每一个步骤，她都不厌其烦地指导。从早晨4点半就开始工作，晚上到天黑才结束，每天工作10多个小时。从规划到收菜，韩丽萍在羊草沟村一干就是6个月。脸晒黑了、腿走肿了、嘴上起了泡。6个月，87个棚里的老百姓和她都熟了。功夫不负有心人，棚室的产量增加了一倍，效益翻了一番。韩丽萍的辛勤工作给老百姓带来实实在在的经济效益，老百姓自然也相信她，尊敬她，一袋番茄是他们最朴实的感谢。

推广新技术、应用新品种，教农民如何科学种田，这是农技员的工作。而农技员的工作又不止这些，引进适合区域种植的新品种，指导产供销，创新技术预防灾情，突破技术障碍保产量，现代农业园试验示范等，丰收之年有他们，突发灾害更离不开他们。农民信赖他们，不仅仅是对科学的信任，也是对他们人格中那份"三农情"的信任。

在江西省彭泽县浪溪镇，有个人人都信赖的老朱，他就是农技员朱永胜。老朱对农业充满热爱，每次开展新技术、新品种、新模式的试验、示范和推广工作，他都身先士卒奋战在田间地头。在农业部棉花万亩高产创建示范项目试验中，省农业厅要推行轻简化育苗技术，有农民对新技术有顾虑，怕不按老办法，没有收成，老朱给他们打包票说："如果育苗移栽失败造成损失，我个人负责赔偿！" 2010年项目区棉花皮棉产量达到每亩412.5千克，比2009年每亩增产112.5千克，仅此一项，浪溪镇农民增加收入900余万元。新技术的推广让"靠天吃饭不如靠技术要效益"的种田观念深入人心，也让浪溪镇成为了彭泽县现代农业示范区的典范。

为了推动科技的传播与应用，农技员往往与农民打成一片，如兄弟姐妹一般，更多时候，他们亦师亦友，服务农民，为他们带来先进的生产理念和方法。

这就是我们的基层农技员，用科技撬动产量与收入，为农业生产点石成金。过去我们常说，论文写在大地上，成果留在农民家。也许基层农技员的论文成果并不突出，但农民家的成果却是实实在在地展现在我们眼前，也许他们的工作并不起眼，但几十年的坚持也足以让农民在科技兴农中感受到获得感。

舍小家为大家，无私奉献是他们无悔的选择，他们为这片土地播撒了希望。

农技推广苦不苦？当然苦。累不累？当然累。有没有希望？农民的丰收说明了一切。在这支队伍中，很多人都从事了20年以上的农技推广工作，有的为农业服务了30多年，在这几十年的寒来暑往中，他们见证了春播秋收，见证了土地的四季变换，把自己当成一粒种子，深深地扎根基层，用汗水浇灌大地，期待更多的开花结果。

他们无愧于农民朋友的点赞，却对家人和自己留有一份亏欠，也许大家和小家总是两难全吧。

2017年3月，湖北省监利县农机干部夏宜龙永远倒在了春耕备耕的路上，年仅45岁。监利县农机局局长陈义书回忆起夏宜龙工作中的点点滴滴，几次泪流满面。在同事们眼中，夏宜龙对工作特别较真，作风过硬。2017年的春耕生产即将进入高潮，为赶在春耕生产前完成全县350千米机耕路的工程验收以及两万亩旱地机械深松整地工作，夏宜龙带领专班，放弃双休假日，风雨兼程，每天查验近10个村，他亲自拿着GPS，对照机耕路建设各项指标参数，徒步丈量机耕路的长度、宽度，逐一检查机耕路工程质量，查看土地深松进度，不符合要求的绝不宽容。正是这样高强度的劳动，让他的身体不堪重负，牺牲在工作岗位上，燃尽了最后的生命之火。

农技推广要结合农时，试验示范则要定时记录，很多农技员都处于一种没有生活、只有工作的状态，自己的健康无暇顾及，对家人更是照顾不周。

在中原粮仓河南省，改农技站为区域站，一个农技员要服务上百亩的高产创建示范田。濮阳县胡状镇农业服务中心主任刘素霞，长年在生产一线工作，家里孩子无人照顾，就带着孩子到地里工作，夏天孩子在户外被晒了一身水泡，刘素霞心疼得眼泪直流。

在新疆维吾尔自治区富蕴县农业技术推广站，高级农艺师朱马太·哈吉拜，背着35千克重的机械喷雾器教群众如何进行化学除草时，因疲劳过度不慎跌落渠底，导致右髋关节坏死。经过短短3个月的休养，他又重返工作岗位，骑着一辆右踏板比左踏板短3厘米的特制自行车，往返穿梭在乡间小路。他是农民的"科技财神"，从不计较个人得失，"各族农民丰收的笑脸，就是对他最好的褒奖"。

这就是我们可爱的农技员，他们只是50多万农技推广员中的代表。从青丝到白发，他们扎根基层，无私奉献自己的青春年华，永远和农民朋友在一起。

曾经，"望天收"是农业的无奈写照；今天，丰收是天道酬勤的当然回馈。而在这丰收的背后，基层农技员把优良的品种、实用的技术及先进的管理经验带给农民，他们把"科学家产量"变成了"农民产量"。如果说科技为农业插上了腾飞的翅膀，农技员则是让这对翅膀更丰满更有力，如果说科技之光照亮了现代农业的方向，农技员则是把星星之火变成燎原之势，引领传统农业迈进现代化的门槛。

有人说，快乐有三种境界：物欲的快乐、精神的快乐和奉献的快乐。正是这些基层农技员，他们用辛勤的付出迎来农民丰收的喜悦，也在自己的耕耘中品味人生真谛，收获奉献的快乐！时代需要他们，现代农业需要更多的最美农技员的付出，愿在广袤的田野上，处处有他们的身影。

农民日报　2017年12月2日

附录：
2017年农业主推技术
（100项）

一、绿色增产类技术

1.水稻精确定量栽培技术

2.机收再生稻丰产高效技术

3.水稻高低温灾害防控技术

4.小麦赤霉病综合防控技术

5.玉米免耕种植技术

6.夏玉米精量直播晚收高产栽培技术

7.黄淮海区小麦玉米双机收籽粒高产高效技术

8.冬作马铃薯高产高效生产技术

9.半干旱区旱地马铃薯全膜覆盖栽培技术

10.马铃薯晚疫病和早疫病综合防控技术

11.马铃薯机械化收获技术

12.黄淮海夏大豆麦茬免耕覆秸精量播种技术

13.米豆轮作条件下大豆高产栽培技术

14.大豆带状复合种植技术

15.高纬度地区大豆优质高产高效生产技术

16.大豆机械化生产技术

17.花生适期晚播避旱增产栽培技术

18.淮河流域麦后直播花生高效种植技术

19.花生单粒精播节本增效高产栽培技术

20.花生枯萎病及叶部病害综合防控技术

21.春花生机械化生产技术

22.饲用油菜生产及利用技术

23.油菜绿色高效生产技术

24.南方稻田油菜机械起垄栽培技术

25.油菜机械化播种与联合收获技术

26.油菜根肿病绿色防控技术

27.长江流域棉花轻简化栽培技术

28.黄河流域棉花轻简化栽培技术

29.盐碱地棉花高产栽培技术

30.棉花机械化生产技术

31.大白菜无土育苗防控根肿病技术

32.甘蔗高效节本栽培技术

33.红心猕猴桃综合栽培技术

34.密闭老栗园低位嫁接及配套改造技术

35.高寒区旱地绿豆地膜覆盖高产栽培及配套技术

36.荞麦大垄双行轻简化全程机械化栽培技术

37.大麦青饲（贮）种养结合生产技术

38.甜菜密植高产全程机械化栽培技术

39.芝麻免耕直播机械种植技术

40.设施果菜害虫绿色防控技术与熊蜂授粉技术

41.苹果矮砧集约栽培关键技术

42.苹果病虫害全程绿色防控技术

43.晚熟柑橘保果防落防枯水综合技术

44.柑橘黄龙病综合防控技术

45.葡萄一年两收栽培技术

46.茶树病虫害绿色防控技术

47.茶园机械化管理技术

48.晚熟脐橙安全优质高效适用生产技术

49.主栽食用菌高效安全轻简化生产技术

50.优质风味猪养殖综合配套技术

51.牦牛半舍饲养殖技术

52.中华蜜蜂规模化饲养技术

53.大别山区黑山羊适度规模养殖技术

54.秦巴山区种草养羊技术

55.绿肥生产利用全程轻简化技术

56.提高母猪断奶健仔数（PSY）技术

57.奶牛同期排卵－定时输精技术

58.奶牛精准饲养节本增效技术

59.奶牛用牧草型TMR发酵饲料加工技术

60.羔羊早期断奶及人工哺乳技术

61.淡水池塘养殖水质工程化调控技术

62.农业物联网与大数据服务技术

二、资源节约类技术

63.冬小麦节水省肥高产技术

64.西北旱地小麦蓄水保墒与监控施肥技术

65.玉米花生宽幅间作技术

66.全株玉米青贮制作技术

67.旱作马铃薯膜下滴灌水肥一体化技术

68.大豆与马铃薯、西瓜等经济作物套作种植技术

69.新疆膜下滴灌棉花综合栽培技术

70.棉花减肥减药高效生产技术

71.柑橘化肥减施增效技术

72.设施西瓜、甜瓜优质绿色双减简约化栽培技术

73.苜蓿－冬小麦－夏玉米轮作技术

74.高床节水育肥猪舍设计技术

75.深水抗风浪网箱养殖

76.南美白对虾大棚设施养殖技术

77.稻田综合种养技术

三、生态环保类技术

78.盐碱地生态养殖技术

79.河蟹苗种培育及高效生态养殖技术

80.粉垄绿色生态农业技术

81.大田作物生物配肥集成技术

82.机械化深松整地技术

83.生石灰改良酸性土壤技术

84.农田鼠害TBS监测与防控技术

85.规模化猪场绿色养殖和疫病净化技术

86.基于浓稀分流的畜禽粪污沼气发酵技术

87.秸秆全量处理利用技术

88.果（菜、茶）－沼－畜循环农业技术

89.农田地膜污染综合防控技术

90.重金属污染农田综合修复技术

91.池塘底排污水质改良关键技术

四、质量安全类技术

92.花生黄曲霉素全程控制技术

93.肉鸡禽流感综合防控技术

94.禽白血病净化技术

95.鸭坦布苏病毒病综合防控技术

96.淡水工厂化循环水健康养殖技术

97.海水工厂循环水健康养殖技术

98.海水池塘多营养层次生态健康养殖技术

99.罗非鱼健康养殖技术

100.草鱼人工免疫防疫技术

图书在版编目（CIP）数据

2017年中国农业技术推广发展报告/农业农村部科技教育司，全国农业技术推广服务中心组编．—北京：中国农业出版社，2019.3

ISBN 978-7-109-25289-9

Ⅰ．①2… Ⅱ．①农… ②全… Ⅲ．①农业科技推广-研究报告-中国-2017 Ⅳ．①F324.3

中国版本图书馆CIP数据核字（2019）第039278号

中国农业出版社出版

（北京市朝阳区麦子店街18号楼）

（邮政编码 100125）

责任编辑 郭银巧

———————————————

中农印务有限公司印刷 新华书店北京发行所发行

2019年3月第1版 2019年3月北京第1次印刷

———————————————

开本：880mm×1230mm 1/16 印张：8.75

字数：235 千字

定价：100.00 元

（凡本版图书出现印刷、装订错误，请向出版社发行部调换）